マンガでわかる超ひも理論

宇宙のあらゆる謎を解き明かす
究極の理論とは?

荒舩良孝/著
大栗博司/監修

SB Creative

著者プロフィール

荒舩良孝（あらふね よしたか）
1973年生まれ。科学ライター・保育士。東京理科大学在学中より科学ライター活動を始める。ニホンオオカミから宇宙論まで、幅広い分野で取材・執筆活動を行っている。おもな著書に、サイエンス・アイ新書『宇宙の新常識100』、『宇宙がわかる本』（宝島社）、『5つの謎からわかる宇宙』（平凡社）、『思わず人に話したくなる 地球まるごとふしぎ雑学』（永岡書店）、『大人でも答えられない！ 宇宙のしつもん』（すばる舎）などがある。

監修プロフィール

大栗博司（おおぐり ひろし）
1962年生まれ。京都大学理学部卒業。京都大学大学院修士課程修了。東京大学理学博士。プリンストン高等研究所研究員、シカゴ大学助教授、京都大学助教授、カリフォルニア大学バークレイ校教授などを経て、カリフォルニア工科大学理論物理学研究所所長およびフレッド・カブリ冠教授、東京大学 カブリ数物連携宇宙研究機構主任研究員。おもな著書に、『大栗先生の超弦理論入門』（講談社ブルーバックス）、『重力とは何か』『強い力と弱い力』（幻冬舎新書）、『素粒子論のランドスケープ』（数学書房）、『数学の言葉で世界を見たら』（幻冬舎）などがある。

本文デザイン・アートディレクション：クニメディア株式会社
イラスト：倉田理音
校正：長岡恒存、壬生明子

はじめに

物理学は、基本原理から初めて、森羅万象を説明しようとする学問です。ガリレオやニュートンの時代に始まり、20世紀に相対性理論と量子力学が発見されたことでさらに大きく発展しました。しかし、この相対性理論と量子力学の間には矛盾があることがわかってきました。それを解決するために提案されているのが超弦理論です。

本書では、相対性理論や量子力学の説明からゆったり説き起こし、超弦理論の最前線にいたる発展が紹介されています。監修を依頼されたときには、超弦理論をマンガで説明することなど可能なのだろうかと思いましたが、著者の荒舩良孝さんの努力のおかげでよい本になったと思います。本書の最初に書かれているように、科学は理論と実験を両輪として進みます。超弦理論はまだ実験で検証を受けた理論ではないので、科学的方法で確立している部分と、まだ建設途上にある部分をきちんと区別する必要があります。本書では、この点についても、できるかぎり正確に解説しようしています。

ところで「超弦理論」と書きましたが、本書では「超ひも理論」となっています。私たち研究者は超弦理論と呼んでいますが、本書では著者と編集部の強い要望で、超ひも理論となりました。その代わりに、科学的内容についてはたくさん注文をつけ、それらについては、すべて真摯に対応してくださいました。できあがったものを拝見して、監修者を引き受けてよかったと思っています。

大栗博司

はじめに

あなたは、「物理学や数学はなんだか縁遠い」と思っていませんか。でも、私たちは知らず知らずのうちに物理学や数学の世界に触れています。窓から射しこむ光、夜に輝く月、ほほをなでるように通りすぎる風など、私たちが日常的に感じている自然現象はすべて物理学や数学に支えられています。

物理学や数学は、私たちが経験している現象が、どのようなものなのかを説明してくれるだけでなく、私たちが実際に経験することのできない世界のことも解き明かしてくれます。相対性理論では、その人の置かれた状態によって時間や空間が伸び縮みすることがわかりましたし、量子力学では、とても小さな世界での出来事は確率的にしか語ることができないという事実が浮かび上がってきました。

現代の物理学が明らかにしてきた事柄は、日常的な経験からはかけ離れているものが多く、すぐには理解しがたいものばかりです。しかし、世界中の科学者が懸命になって研究し、この世界に隠された仕組みを明らかにしてきました。このようにして積み重ねてきた理論のなかで、究極の理論になるのではと期待されているのが超ひも理論です。この超ひも理論の研究からどのような世界が見えてきて、科学者たちはなにを目指しているのでしょうか。それを知りたくて、この本を書こうと思いました。どうせ書くなら、できるだけわかりやすく表現して、なるべくたくさんの人たちに超ひも理論の世界を感じてもらえるものにしたいと思い、制作を始めたのです。

しかし、超ひも理論はちょっとやそっとで理解できるようなものではありませんでした。それでも、たくさんの人たちが手をさしのべてくれたおかげで、やっと形にすることができました。

超弦理論の世界トップクラスの研究者である大栗博司先生に監修を引き受けていただいたことによって、科学的な正確性がいっそう強化され、研究者にしかわからないニュアンスなども盛り込むことができました。そして、倉田理音さんにはかわいらしいイラストをたくさん描いていただき、文章だけでは表現しにくい、やわらかなテイストを加えることができました。おかげで私が目指していた、科学的に正確であり、親しみがもてる本になったと思います。また、制作期間中、忍耐強く待っていただいた編集者の益田賢治さん、そして、ご協力をいただいたすべての方々に感謝いたします。

この本は超ひも理論のエッセンスをすくい取っただけにすぎません。もう少し深く知りたいなと思った方は、この本でもおおいに参考にさせていただいた大栗博司先生のご著書『重力とは何か』、『強い力と弱い力』、『大栗先生の超弦理論入門』などを読み深めてみてください。

2015年2月
荒舩良孝

マンガでわかる超ひも理論

宇宙のあらゆる謎を解き明かす究極の理論とは?

CONTENTS

サイエンス・アイ新書

CONTENTS

第１章
相対性理論と量子力学

超ひも理論は、近代から現代へと受け継がれてきた物理学の歴史のなかで誕生した。まずは物理学の歴史を振り返り、超ひも理論の基礎となる相対性理論や量子力学についておさらいしておこう。

01 宇宙のすべてを解き明かす理論

宇宙について、私たちはどれだけのことを知っているだろうか。宇宙を観測する技術が上がったおかげで、宇宙が約138億年前に誕生したこと、この広い宇宙の中に銀河が泡のような構造をつくって並んでいること、私たちが目にしている星や銀河は宇宙全体の約5%にしかすぎないことなどと、たくさんの知識を手に入れることができた。

しかしたくさんの知識を得ることで、私たちは宇宙のことを正しく理解できているのだろうか。

確かに宇宙に関する知識は格段に増えている。ただ1つひとつの知識は、広い宇宙のさまざまな側面を表すものにすぎない。科学者たちは、そのような断片的な知識をつなぎあわせるようにして、自然界で起こる現象を説明するための理論をつくろうとしてきた。

しかし、それらの理論はすべてがすぐに受け入れられてきたものではない。打ち立てた理論が、当時信じられていた常識と反していたために、誰にも信じてもらえなかったり、異端扱いされた人もいた。それでも、長い歴史のなかで、少しずつ自然界の法則を解き明かし、知識を積み重ねてきた。そしてたくさんの物理学者たちが目指してきたのが、宇宙のすべてを説明することのできる理論**セオリー・オブ・エブリシング**である。

宇宙はどこまで広がっているのかわからないくらい広い。しかも、ただ広いだけではない。宇宙のなかには、超銀河団のように1億光年程度の大きなものもあれば、素粒子のように顕微鏡を使っても見ることができないほど小さなものもある。セオリー・オブ・エブリシングには、大きいものから小さいものまで宇宙で起こる現象をすべて説明できるだけの力が求められている。いまのところ、この条件を満たす理論は存在しない。

それでは、セオリー・オブ・エブリシングはまったくの夢物語なのか。それを検証すべく、たくさんの科学者がその理論を求めて研究をしている。そのなかで、いちばん近いものが超ひも理論（専門の研究者は超弦理論と呼んでいる）だ。これから超ひも理論とはどのようなもので、この理論からどのような宇宙像が見えてくるのかを扱っていこう。

02 理論と実験の2本の足で進む

この宇宙がどのようになっているのかを明らかにしていく手法が、理論と実験の2つの道だ。だたし、この2つの道は完全に離れているわけではない。

1つの理論が示されると、その理論が正しいかどうかを実験で検証して、理論どおりの結果が得られれば、その理論が正しい証明になる。実験結果と理論からの予測が違う場合は、その理論に間違っている部分があるので、実験結果とあうように修正して、新しく組み立て直していく。

新しい理論がつくられて、「このように実験をすればこの現象が観測できる」という予測（予言ともいう）が立てられれば、その予測をもとに実験が行われ、予測どおりの結果が得られるかどうかを確かめる。実験が行われたぶんだけ、結果のデータが増えるので、そのデータをもとに新しい理論を組み立てることができ、新しい理論をもとに新しい実験が計画、実行されることになる。

理論と実験は、ちょうど人間の2本の足のような関係で、どちらか一方が前に進むと、その足を軸にもう一方が前に進んでいくようになっている。どちらが欠けても前に進むことができない。理論がなければ、実験の狙いがはっきりと定まらないし、実験がなければ、その理論が本当に正しいのかが検証できない。

理論と実験、この2つがそれぞれの視点から光を当てて、さまざまな現象のしくみを解き明かしている。そして、これまで明らかにされてきたことは、確かにこの宇宙で起きていることを説明できる。しかし、それはこの宇宙での出来事のほんの一部にすぎない。宇宙のすべてを説明できてはいないのだ。

宇宙を知る手法は二つある
理論
実験
しかしこの二つは
離れている訳ではない
①
理論ができると
それを実験で試す
②
理論の修正
NEW
理論!!
「理論」と「実験」は
ちょうど人間の二本足のような関係
セオリー・オブ・
エブリシング
実験
理論
どちらが欠けても進む事はできないのだ

03 パズルのような理論

私たちは、太陽の周りを回る惑星や小惑星などの動きを予測し、ロケットを打ち上げ、人工衛星や宇宙ステーションを飛ばすことができるようになった。それらができるのは、**アイザック・ニュートン**が万有引力の法則を発見したおかげである。地球上での運動や太陽系の惑星の動きなどはニュートンのまとめた力学（**ニュートン力学**）の知識で説明したり、予測することができる。

しかし、宇宙全体の話をしようと思うと、ニュートン力学では対応できない。規模が大きくなると、**アルバート・アインシュタイン**がまとめた**相対性理論**が必要になる。相対性理論の登場は時間と空間の考え方を大きく変え、現在の宇宙観の礎となった。相対性理論によると、私たちが運動する速度によって時間や空間が伸びたり縮んだりするという。広い宇宙の中では、光や電磁波がものすごい速さで行き交う。その世界では時間や空間の長さが変わってしまうのだ。

原子の中のようなとても小さい領域で起こる現象も、別な理由でニュートン力学では説明することができない。このような現象を説明するための物理学として、**量子力学**がつくられた。量子力学の特徴的な考え方は**不確定性**というものだ。

ニュートン力学では、ある物体の速度と時間を同時に求めることができる。たとえば、東京駅を出発した新幹線が、いつ静岡駅を通過して、そのときの速度がどのくらいなのかがわかる。

しかし量子力学では、ある電子がどの場所にいるのかを調べていくと電子の速度がわからなくなってくる。逆に速度をはっきりさせようとすると場所が曖昧になってしまう。ニュートン力学の世界に慣れきっている私たちからすると信じられないが、量子力学の世界ではまったくおかしくないし、むしろ当然のことだ。

　ニュートン力学の世界、相対性理論の世界、量子力学の世界、これら3つの世界は、それぞれ独立した世界のように思われがちだが、そうではない。この3つの世界はこの宇宙の一面でしかない。宇宙のすべてを説明するセオリー・オブ・エブリシングでは、この3つの世界で起こることを矛盾なく説明できないといけない。

　超ひも理論はこれまでの理論を土台にして組み上げて、宇宙の姿を明らかにするパズルのようなものである。

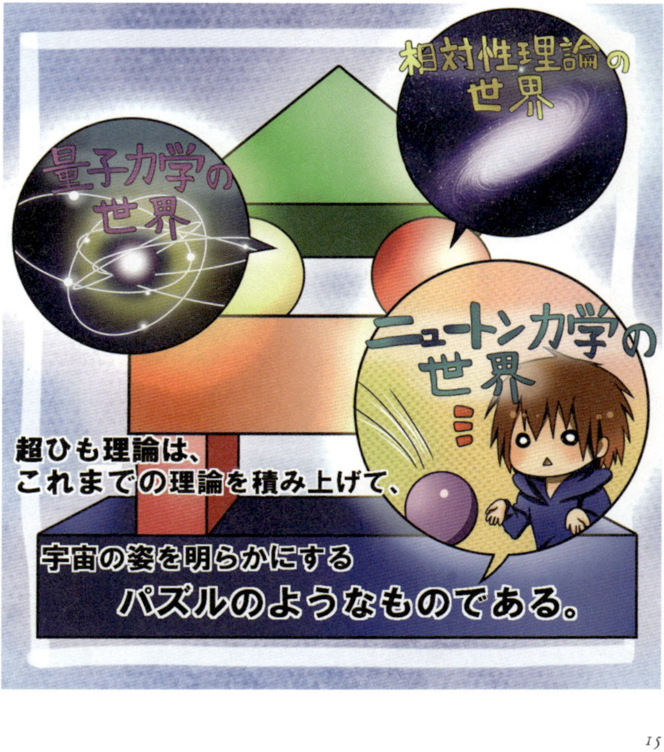

04 日常感覚とは異なる宇宙の姿

超ひも理論を理解するということは、これまでの歴史を含めた物理学の理論全体を理解することに等しい。ここから物理学の歴史をふり返ってみよう。

人類は、誕生したときから身の周りにある物体の運動を見てきていた。しかし、その運動の様子を正確にとらえることはとても難しいことだった。たとえば、ギリシャ時代の人たちは、重いものと軽いものでは重いもののほうが速く落ち、物体は外から力を加えたときだけ動くと信じていたという。

また、昔の人々は太陽などの天体の動きを活用して生活していたので、天体観察もしていた。そして、それぞれの地域ごとに独自の宇宙観があった。しかし、それらに登場してくるのは丸い地球ではなく、平らな大地で、太陽や星は大地の周りを動いているとするものが多かった。

日常生活での経験からものごとを考えてみると、大昔の人々が感じたとおり、重いものが速く落ち、軽いものがゆっくり落ちるのが正しいようにも思うし、地球は平らで、太陽は地球の周りを回っているように感じる。日常で感じる人間の感覚が自然の正しいあり方をとらえることができるならば、感じたことがすべて正しいことになる。だが、自然は人間の日常的な感覚だけではとらえきれるものではなかった。

地球上に暮らす私たちは、太陽が東から昇って西に沈むように感じるし、星も地球の周りを回っている感覚になる。しかし、実際に起きていることは違った。太陽が地球の周りを回っているのではなく、地球が太陽の周りを回っていた。

そのことを計算から明らかにしたのがニコラウス・コペルニクスだ。コペルニクスの唱えた地動説は、ヨハネス・ケプラーによって補強され、3つの法則が導きだされた。ケプラーの法則は、惑星の動きが物理法則で予測できることを示した。

しかし彼らの生きた時代において、当時、力をもっていたキリスト教会は天動説を信じていた。そのため地動説は世の中を惑わす思想と見なされ、頭から否定されてしまったのだ。

05 観測と考察から地動説を支持したガリレオ

ケプラーと同年代に生きたイタリアのガリレオ・ガリレイ。望遠鏡がオランダで発明されたと聞くと、自分で手づくりし、それを天に向けた。1609年、天体望遠鏡の始まりだ。

地球から肉眼で見ると、月はピカピカに輝いて見えていたために、月の表面は水晶のようになめらかでツルツルしていると信じられていた。これは、天上は神々の住む世界なので、人々が住む地上とは違うという発想からきていたものだ。

しかし、天体望遠鏡を通してガリレオが見た月は、ゴツゴツとした岩におおわれ、山や谷もある世界だった。彼は、月が地上と同じような天体だったことに大きな衝撃を覚えたことだろう。さらに、ガリレオは木星が4つの衛星を引き連れて太陽の周りを回る姿も確認した。このような姿を目のあたりにして、月を引き連れている地球も、木星と同じように太陽の周りを回っていると考えたほうが合理的だと思うようになったのだ。

ガリレオは、天体望遠鏡による観測から天上の世界と地上の世界に物理的な違いがないことを見いだし、同じ物理法則で説明する礎を築いた。彼は天文学と物理学の力学をつなげ、天と地で起きていることは本質的に同じであることを示した。

だが、ガリレオの主張をよく思わない人たちもいた。当時のイタリアで力をもっていたカトリック教会は、地動説が教会の教えに反するとして、ガリレオを宗教裁判にかけた。そして裁判では、ガリレオをキリスト教に背く異端者として有罪にした。ガリレオは自身の誤りを認め、地動説を放棄することで死刑を免れたが、残りの人生はずっと自宅に幽閉されて過ごさなければならなかった。

ガリレオの支持した地動説は、のちに正しいことが明らかになった。そして、ガリレオの死から350年経った1992年、当時のローマ法王ヨハネ・パウロ2世が、ガリレオの宗教裁判は誤りであったことを認め、謝罪した。

06 ガリレオの相対性原理

ガリレオの仕事でもう1つ重要なのは、相対性原理の発見だ。相対性原理と聞くとアインシュタインを想像する人が多いかもしれないが、ガリレオが発見した原理がアインシュタインへとつながっていく。

ガリレオが相対性原理を考えるきっかけとなったのは、地動説の議論だった。地動説が正しいのなら、地球が動いていないといけない。もし地球が動いているのだったら、高い塔の上から落としたボールなどはまっすぐ落ちないで、地球が動いたぶんだけ斜めに落ちるのではないかという疑問が生まれた。もちろん、高い塔からものを落としても斜めに落ちないで、まっすぐ落ちる。だから地球は動いていないと、多くの人は考えた。

それに対してガリレオは、「海の上を進んでいる船のマストの上からものを落としても、落としたものはまっすぐに船の上に落ちる」と反論した。つまり、ある速度で進んでいる船の上から落とされたものも、船が進んでいるのと同じ速度をもっているので、まっすぐ落ちる。船の上から見れば、自分たちが進んでいても止まっていても結果は同じになるからだ。こう考えると、塔から落としたボールがまっすぐ落ちることと、地球が動いていることは矛盾なく両立する。

ガリレオの時代には、地球が太陽の周りを回っているという姿さえ、たくさんの人たちに受け入れられることはなかった。宇宙についての理解が進むにはもう少し時間が必要だったのだ。

もし地球が動いていたら塔からボールを落としたら着地点がずれるはずよ
真下に落としたのに！
地球は動いていないわ
いや地球は動いている
例えば動く船のマストの上からボールを落としても船の上に落ちる
塔から落としたボールがまっすぐ落ちる事、地球が動いている事は矛盾しない!!

07 ニュートンの万有引力の法則

ケプラーやガリレオの築いた理論を引き継いで花開かせたのは、イギリスの**アイザック・ニュートン**だった。彼はこれまで知られていた力学法則を整理し、「**慣性の法則**」「**運動の法則**」「**作用反作用の法則**」の3つにまとめていった。この3つの法則だけで、地上はもとより、天で起きている惑星の運動も統一して計算できるようになったのだ。

ニュートンの3つの法則は、身近な現象をとてもよく説明することができた。それだけでなく、これまであまり考えてこなかったことを説明するための道具を提供していった。ニュートンの業績のなかで有名なものの1つに**万有引力の法則**がある。ニュートンがリンゴの落ちる様子を見て、この法則を発見したという逸話はとても有名だ。だが、その真偽は明らかではない。

木になっていたリンゴが地面に落ちるのを見たために、万有引力の法則がひらめいたという物語は、ちょっと短絡的だろう。現代に伝わる逸話の1つには、ニュートンはリンゴが落ちる様子を見たあとに、空に月が浮かんでいるのを見て、「リンゴが枝から落ちてくるのに、月が空から落ちてこないのはなぜだろう？」という疑問をもったという話もある。

実際、どんなことが起きたのかはニュートン本人にしかわからない。ただ、リンゴの落下がニュートンの考えになんらかの影響を与えたことはありそうだ。彼は月が地球の周りを回るために必要な力や、地球が太陽の周りを回るために必要な力について考えていた。そのさなかにリンゴが落ちる様子を見て、その力の正体に迫るヒントを得たのだろう。

ニュートンはリンゴが落ちる様子を見て、
そこから万有引力を見つけたという話がある
その話の真偽はわからない
しかしリンゴがニュートンに影響を与えたことは確かだ
リンゴは落ちるのに月は落ちてこない　なぜだ？
月が地球の、地球が太陽の周りを回るための力の正体
それにせまるヒントをニュートンはリンゴから得たのだろう

08 月は地球に向かって落ち続けていた

ニュートンの運動法則の1番目、**慣性の法則**に従えば、月は一定の速さで直線的に運動しようとする。だが実際は、月は地球の周りを回っている。これはなぜか。そのヒントは地面の上に落ちるリンゴにあった。

リンゴは地球の重力に引きよせられて、地面に落ちる。実は月自身は直線的に動いて地球から離れようとしているけれども、地球の重力が引っぱり、そのぶん地球に落ちてくるから曲がってしまい、地球の周りをグルグル回ることになる。

つまり、月が円運動をしていること自体、地球に向かって落ちているのと同じことが起きているのだ。ただ、直線的に地球から離れようとする勢い(**慣性**)と、地球に引っぱられて落ちようとする力がつりあっているので、円運動をするようになっている。木から落ちるリンゴと地球の周りを回る月には、本質的に同じ力、**重力**がかかっていたのだ。

月と地球の関係を、地球と太陽の関係に置き換えても同じことがいえる。重さをもった2つの物質の間には重力という名の引力が働く。しかも、その力の大きさは距離の2乗に反比例するという**万有引力の法則**へとつながっていく。

万有引力の法則によって、重力が遠く離れたものに作用して、天体の運動に影響をおよぼしていることが明らかになった。それだけでなく、地球上の運動も天上の運動も同じ法則で説明ができることをはっきりと示したことになる。

こっちへ行こう!
あれ?落ちてる?
おかしいな離れられない
僕が引っ張っているからね!
月は地球の重力に引っ張られて回っている

09 ニュートンでも解けない重力の謎

ニュートン登場の前は、体重がどういうものかをきちんと説明することができなかったが、万有引力の法則によって、地球の重力によって引きよせられる力の強さであるといえるようになった。ふだんは重さといって厳密に分けてはいないが、重量と質量が違うものであると分けることができるようになったのだ。

ニュートンによって**重力**の存在が明らかになり、地上の運動から月や惑星、彗星の運動まで1つの理論で説明できるようになった。しかも、私たちのよく知る太陽系の様子をきちんと説明し、計算によって未来を予測することができた。そのことによってニュートン力学は、新たな宇宙像をつくりあげた。

ニュートンの時代は、離れた場所に働く力があるということを疑う人も多かったので、大きな質量をもったものが離れた場所にあるものを引きよせる万有引力（重力）というものが提案されただけでもすごいことだ。しかも万有引力の法則をはじめとするニュートン力学は、とても便利なものだった。そのため、この宇宙は、シンプルな数式で表される法則に支配されていて、それを見つけだすことができれば、すべてのものの位置や運動の状態を決定できると信じられるようになった。

このように大成功を収めたかに思われたニュートン力学でも、わからないものはあった。その1つが重力とはなにかだ。ニュートンは重力の存在を認め、宇宙を数学的に記述することに成功はしたものの、なぜ重力があるのかという疑問には答えることができなかった。

この問いに対して、最終的にニュートンがたどりついたのが神の存在だ。この宇宙にある重力は神の威光から生まれているとして、神の存在証明につなげていった。

近代科学の発展におおいに貢献をしたニュートンが、神の存在を認めていることに驚く人も多いかもしれない。しかしニュートンの時代は、自然科学研究は神に奉仕することでもあった。複雑に思われている世界が実はシンプルな数式や法則で表現できること自体、その創造主としての神を見いだすことでもあったのだ。

10 見つかったニュートン力学の矛盾

ニュートン以後、200年の間、ニュートン力学ですべての現象が説明できると思われていた。だが、ニュートン力学には時間と空間に大前提があった。時間はどこでも一定の間隔で刻み続けていて、空間はどんな場所でも違いはなく、すべての方向に永遠に広がっているという、絶対時間と絶対空間の考え方だ。

ほとんどすべての科学者は絶対時間と絶対空間を支持していたが、**エルンスト・マッハ**をはじめ、その存在に疑問をもっている人たちもいた。もし時間と空間が絶対的なものでないとしたら、ニュートン力学の築き上げてきた世界が崩れてしまう。そんなことがあるはずはないと、絶対時間と絶対空間に対する懐疑的な意見は無視されていたのだ。

だが19世紀に電磁気学が発展してくると、ニュートン力学と矛盾する現象も見られるようになってきた。それでも多くの科学者は、このような問題もいずれ解決して、ニュートン力学は安泰だと思っていた。

しかしニュートン力学に対して、理論と矛盾する決定的な実験結果がつきつけられた。アメリカの**アルバート・マイケルソン**と**エドワード・モーリー**による**光の実験**だ。

地球は1秒間に30kmの速さで公転している。ニュートン力学によると、動いている状態のものがほかの運動の様子を見ると、速度が足し算されるので、同じ光を地球の公転に対し水平な方向と垂直な方向に分ければ、伝わる速度が違うのではないかと考えたのだ。マイケルソンとモーリーはそのような実験装置をつくり、精密に調べてみたものの、光の速度の差を測定することはできなかった。

この結果から、光の速度は観測装置の運動状態にはまったく影響を受けないということがいえる。つまり、運動についての法則をまとめたニュートン力学を超えたなにかがあるという証拠が挙がってしまったのだ。

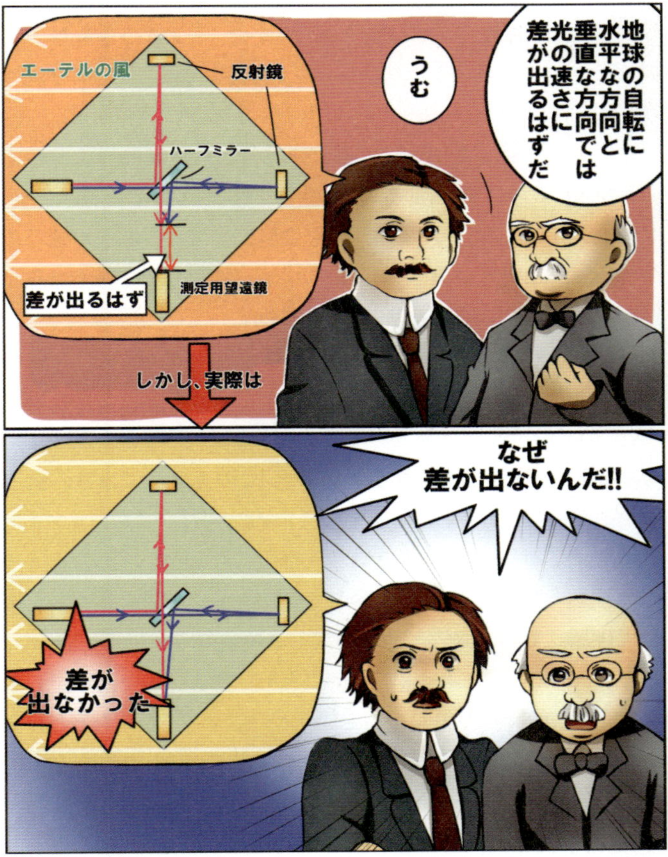

11 アインシュタインの登場

光とニュートン力学との矛盾という問題に解答を示したのは、**アルバート・アインシュタイン**だった。彼は、スイス連邦工科大学を卒業したあと、大学への就職を希望したが採用されず、特許局に勤めながら物理学の研究を続けていた。そのような無名の人間が、宇宙に対するイメージを一変させるようなアイデアを次々に発表していった。

まず**光量子仮説**を発表し、光がそれまで電磁気の理論で考えられてきた波の性質と同時に粒の性質をもっていることを示した。アインシュタインの時代には、光を金属に当てると電子が飛びだす**光電効果**という現象が知られていたが、これは光が波であるという考え方だけでは説明がつかないものだった。

しかしアインシュタインの示した光量子仮説は、光は波と粒の両方の性質をもっているという、新しくて少し不思議な光の姿だった。このように考えることで、これまで説明がつかなかった光のふるまいが説明できるようになった。この光量子仮説は、量子力学の発展にもおおいに影響を与え、1921年にアインシュタインへ贈られたノーベル物理学賞の授賞理由にもなっている。

そして、アインシュタインの名を聞いてすぐに思いつくのが**相対性理論**。この理論は、光の速度がこの宇宙でいちばん速くて、どんな状態になっても変わらないことや、ニュートン以来信じられていた絶対時間と絶対空間というものが存在しないなどといったことを示し、長い間信じられてきたニュートン力学的な宇宙観から、新しい宇宙観への転換を迫ったのだ。

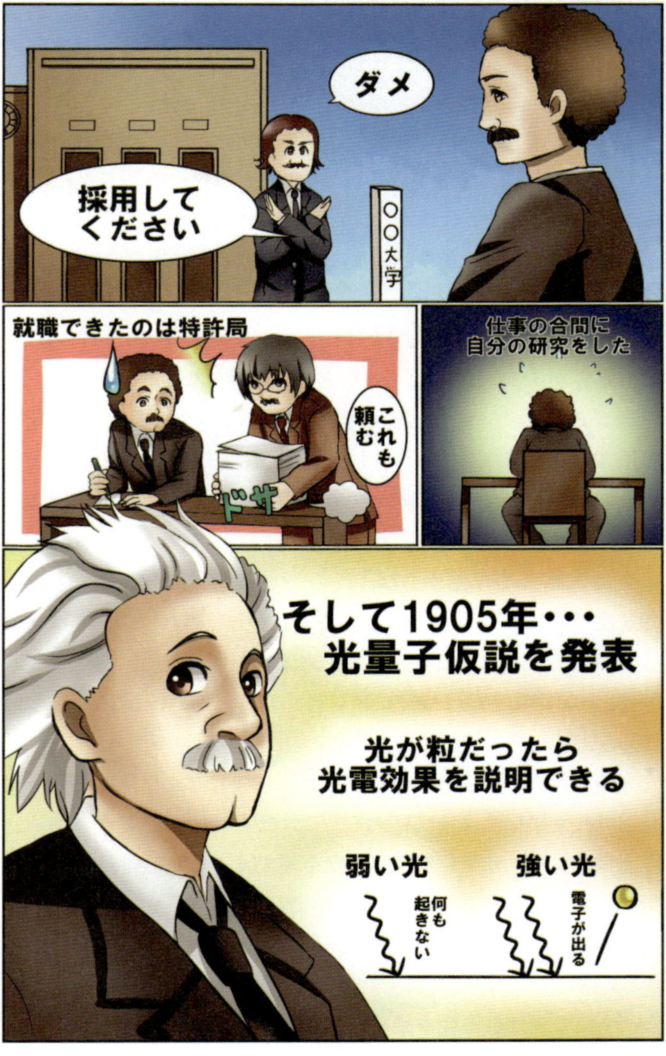
採用してください
ダメ
〇〇大学
就職できたのは特許局
これも頼む
ドサ
仕事の合間に自分の研究をした
そして1905年・・・
光量子仮説を発表
光が粒だったら
光電効果を説明できる
弱い光
何も起きない
強い光
電子が出る

12 特殊相対性理論が示す宇宙

アインシュタインの相対性理論は、1905年に発表された特殊相対性理論と、10年後の1915年に発表された一般相対性理論からなっている。最初に書かれたのが特殊相対性理論だ。この特殊相対性理論は「光の速さで光を追いかけたらどうなるのか」という疑問を出発点にしている。

私たちの日常的な考えでいけば、同じ速さで追いかけるのだから、速度が0になるのではないかという結論になる。私たちは、目に飛びこんできた光を感じてものを見ているので、速度0の光を想像することができない。もし、光の速度に追いついたら、どのような世界が待っているのか。アインシュタインはそのように考えたのだ。

実は電磁気の理論からは、光の速度は常に一定であるという光速度不変の原理が導かれていた。しかし、これはニュートン力学と矛盾してしまう。そこでアインシュタインは光速度不変の原理を柱にして、ガリレオの「相対性原理」を光の伝達にまで広げていき、特殊相対性理論をつくったのだ。

光の速度が変わらないと仮定すれば、光はどんな速度でも常に光速で動いているように見える。これは日常的な感覚からは到底考えつかない。しかも光速度不変を優先すると、絶対時間や絶対空間に対する考え方を修正する必要がでてくる。

絶対時間や絶対空間のほうが日常的な経験則と照らして矛盾がないように見えるので、そちらを優先したくなってしまう。だが、あえて光速度不変を優先したことで、光の速度を基準にした新しい宇宙像をつくりだしていった。

その結果、時間と空間は根本的に同じものであるという時空の概念が生まれた。そして、観測している人と、観測の対象になっているものとの間に、相対的な速度がある場合、その速度によって時間や空間の長さが伸びたり縮んだりするという、なんとも不思議な宇宙の性質が明らかにされたのである。

また特殊相対性理論で導かれる有名な$E=mc^2$の式は、エネルギーと質量の関係も変化させた。この2つは別々のものではなく、本質的にはいっしょのもので、エネルギーと質量はお互いに変化していくことが明らかになったのだ。これがのちに原子爆弾の開発にもつながっていくことになる。

13 静の宇宙から動の宇宙へ

宇宙に対する考え方を大きく変えることになった特殊相対性理論は、かぎられた状態でしか成り立たないものだった。このときは等速直線運動、つまり一定の速度で直線的に動いている場合しか検討していなかったので、光に対する矛盾は解消したが、重力がからむ現象や加速度運動については説明することができなかった。

この問題に対して、アインシュタインは、重力と加速度運動は同じものであるという**等価原理**を発案し、重力を取りこむ**一般相対性理論**をつくりあげた。

遊園地のジェットコースターやフリーフォールに乗ると、体が浮き上がる感覚を経験する。これは乗り物が加速度運動をすることにより、重力を打ち消す力が発生するためだ。現代社会に住む私たちは、日常生活のひとコマとして等価原理を経験する。

しかし、アインシュタインの時代にはこのような経験はできない。アインシュタインは、勤めている特許局のデスクについているときに等価原理を思いついた。等価原理によって明らかになったのは、加速度運動が重力に置き換えられることと同時に、重力が加速度運動によって自由にコントロールできることだった。

一般相対性理論によって、宇宙の中で起こるすべての運動と重力理論をつなげることができた。すなわち重力は、時空をゆがめる力であると結論づけられるようになった。そして、ニュートンの考えた永遠に変化しない絶対時間、絶対空間の宇宙から、観測者の速度によって長くなったり短くなったり、重力によってゆがんだりとダイナミックに変化する宇宙へと変貌するようになった。

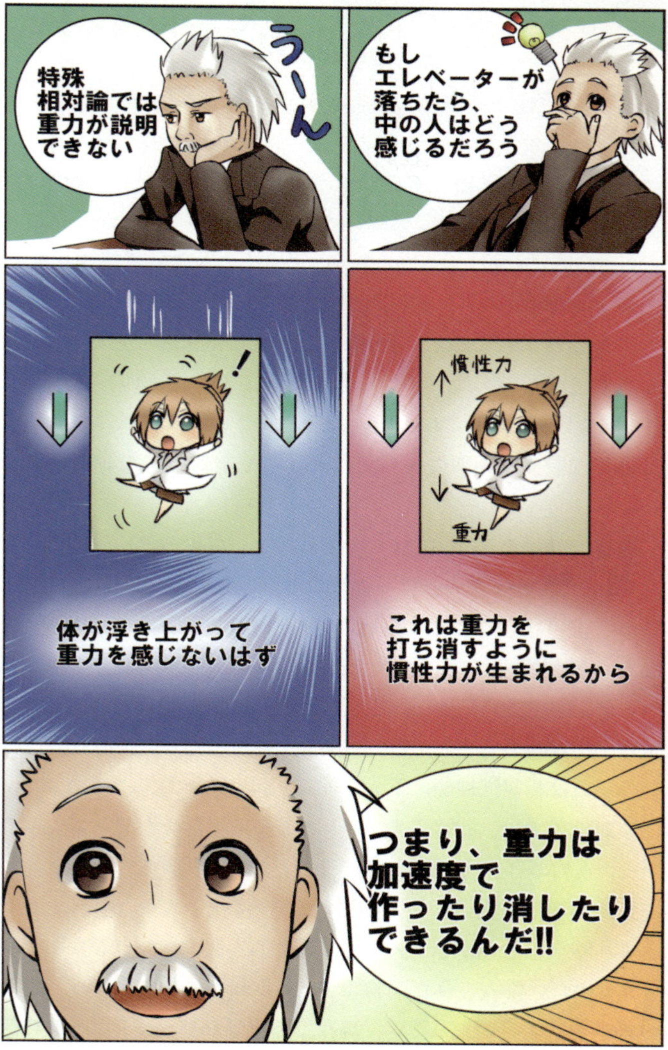
特殊
相対論では
重力が説明
できない
うーん
もし
エレベーターが
落ちたら、
中の人はどう
感じるだろう
体が浮き上がって
重力を感じないはず
慣性力
重力
これは重力を
打ち消すように
慣性力が生まれるから
つまり、重力は
加速度で
作ったり消したり
できるんだ!!

14 相対性理論が明かす宇宙の成り立ち

相対性理論は宇宙に対する考え方を大きく変化させただけでなく、私たちが認識できる宇宙の大きさを広げることになった。ニュートンの時代には、太陽系の大きさくらいまでしか、見ることも考えることもできなかったが、時代とともに望遠鏡の性能も上がり、太陽系の外に銀河系が広がっていることがわかってきた。

相対性理論によると、物体が光速に近い速度で運動すると、周りの空間が縮み、外にいる人と比べると時間がゆっくり進むことになる。ただ、これは光速に近い場合の話で、私たちが日常生活で経験する範囲の速度では、時間や空間の伸び縮みはあまりない。

地球上で起こるほぼすべての出来事は、ニュートン力学で計算してもさしつかえない。相対性理論の登場で、ニュートン力学はこの宇宙の状態を記述する理論から、相対性理論を近似した理論という位置づけに変わってしまった。

一方、宇宙空間には、とても大きな天体が空間を曲げるという地球上では現れることのない現象がたくさん存在している。これらの現象は相対性理論によってきちんと説明がつくようになった。

相対性理論は、提唱したアインシュタイン自身が思ってもみなかったものの存在も予言した。その1つがブラックホールだ。とても狭い場所に大きな質量のものが詰めこまれたような天体ができると時空の歪みが激しくなり、光すらも外にでられなくなるというものだ。発表された当初はアインシュタインをはじめ、多くの科学者が否定的だったが、現在では実際にブラックホールの存在が確認されている。

そして、もう1つ。**ビッグバン**である。相対性理論による計算は、この宇宙が膨張しているという結論を導きだした。アインシュタイン自身は**宇宙膨張論**を否定していたが、**エドウィン・ハッブル**によってその証拠が観測されたことにより、膨張する宇宙が正しいと認識されるようになった。

膨張するということは、時間を巻き戻せば宇宙は1つの点に集まってくることになる。そして、ここで宇宙が誕生した直後にビッグバンが起きた。ビッグバンによって、この宇宙に物質が誕生し、いまの宇宙につながっている。相対性理論はこの宇宙の様子や成り立ちを理解するための重要な道具なのだ。

15 量子力学のあけぼの

さて、ここで視点を違うところに移してみよう。相対性理論と並んで現代物理学の基礎理論となっているのが**量子力学**。この量子力学は相対性理論と同じ時期に誕生している。

この相対性理論と量子力学は対照的な理論として紹介されることが多い。相対性理論は宇宙という大きなものを扱うときに使われるのに対し、量子力学は原子の中というとても小さな世界で起こることを説明するのに使われている。大きなものと小さなものとの対比がここで生まれる。また、相対性理論はアインシュタインが1人でつくりあげたのに対し、量子力学は何人もの物理学者の力によってつくられたという点でも対照的だ。

量子力学は難しいというイメージがある。まず、**量子**というものがよくわからないだろう。量子というのは、連続しない**飛び飛び**の量というような意味をもつ言葉で、量子力学はエネルギーのように、それまで連続した値をもつと考えられてきた物理量が、実は飛び飛びの値になるという理論だ。

量子という言葉を最初に使ったのは、ドイツの物理学者**マックス・プランク**だ。彼は1900年に光のエネルギーが飛び飛びの値をもつことを発見し、**量子仮説**を提案した。ニュートン力学を基本とする物理学では、なにかの値が飛び飛びに変化するということは考えられなかった。特に、光は波だと考えられていたので、飛び飛びの値をとること自体がおかしいことなのだが、量子仮説にもとづくと簡単に説明がついたのだ。

さらに1905年には、アインシュタインが光電効果を説明するために考えた光量子仮説によって、光が波と粒という相反する2つの性質をもつ不思議なものであることが示された。このようにして量子力学の扉が開かれていった。

16 太陽系型原子モデルの矛盾

光は波であり粒である。これはとてもヘンテコリンな性質のように思うかもしれない。だが、これと同じような性質をもつものがもう1つある。それが**電子**だ。

どんな物質も細かく分割していくと**原子**に行きつく。原子（アトム）という言葉は、これ以上分割できない細かいものというギリシャ語のアトモスから取ったものだ。しかし、その原子をよく調べてみると、原子よりもさらに小さな電子が見つかった。

電子という小さな粒が登場したことによって、原子の内部はどうなっているのかという議論が始まることになる。このとき考えられたのは2つのモデルだ。1つは原子の中に電子が散らばっているブドウパン型。そしてもう1つが、電子が大きな原子核の周りを回っている太陽系型だ。この**太陽系型モデル**を提唱したのは日本の**長岡半太郎**だった。

この2つのモデルの対立は、1911年に行われた**アーネスト・ラザフォード**の実験によって決着した。原子にプラスの電気を帯びたアルファ線を当てると、ほとんどのものはまっすぐ通り抜けるのに、ときどき重いものにぶつかったように大きく曲がってしまったのだ。

この結果から、原子の中心部分にはプラス電気をもった大きな塊があることがわかった。つまり原子は、プラスの電気をもった原子核の周りをマイナスの電気を帯びている電子が回るという太陽系型のモデルが正しいと考えられるようになった。

ただ、この太陽系型のモデルには大きな問題があった。当時知られていた理論に従うと、マイナスの電気を帯びている電子が原子核の周りを回っていけば、電子は光をだすことになるので、エネルギーがどんどん少なくなっていく。そして最終的には原子核にぶつかってしまい、原子は存在できなくなるのだ。当然、原子からできている私たちの体や星、銀河なども消滅してしまうことになる。

しかし、実際には原子は存在しているし、私たちの体も、星や銀河も存在する。その矛盾を解決するために、当時の科学者たちは頭を悩ませていた。

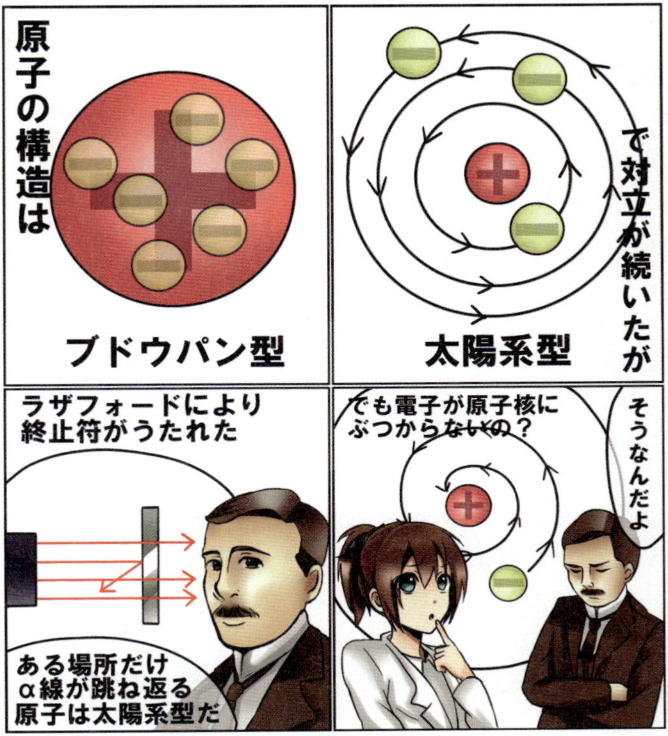
原子の構造は
ブドウパン型
太陽系型
で対立が続いたが
ラザフォードにより
終止符がうたれた
ある場所だけ
α線が跳ね返る
原子は太陽系型だ
でも電子が原子核に
ぶつからないの？
そうなんだよ

17 量子の考え方で原子は存在できる

電子が原子核に墜落しないようにするアイデアをだしたのは、デンマークの物理学者**ニールス・ボーア**だった。ボーアの考えは原子核の周りに描かれる電子の軌道が、**飛び飛び**の決まったものだったら原子核にぶつかることはないというものだった。エネルギーが飛び飛びの値をとるという光量子の考え方を電子の軌道にも取り入れたのだ。

この話は少しわかりにくいので補足しよう。電子の軌道が飛び飛びでない場合は、電子が円軌道を描くことで自分がもっているエネルギーを光に変えてしまい、渦巻きを描くようにだんだんと原子核に近づいていく。

しかし、電子が飛び飛びの決まった軌道しか通れないという条件をつけると、1つの軌道から別の軌道に移るためには、2つの軌道のエネルギーの差をピッタリと埋められるだけのエネルギーをもった光を放出しないといけない。そうすることで、電子が原子核を回ることで徐々にエネルギーを失うのを防ぐことができる。そのうえ決まった軌道しか回らなければ、ある一定の距離よりも原子核に近づくことができなくなるという利点もある。

この考えはいいことずくめのように思える。だが、ボーアの理論は、なぜ電子が飛び飛びの決まった軌道しか回らないのかという理由については触れていなかった。理由はわからなくても、ボーアが原子核の構造に量子の考え方を取り入れたことで、水素原子のさまざまな性質を説明することができた。謎は残したままでも電子の軌道に量子の考え方を取り入れたことで、量子力学はさらに電子の性質にまで切りこんでいくことになる。

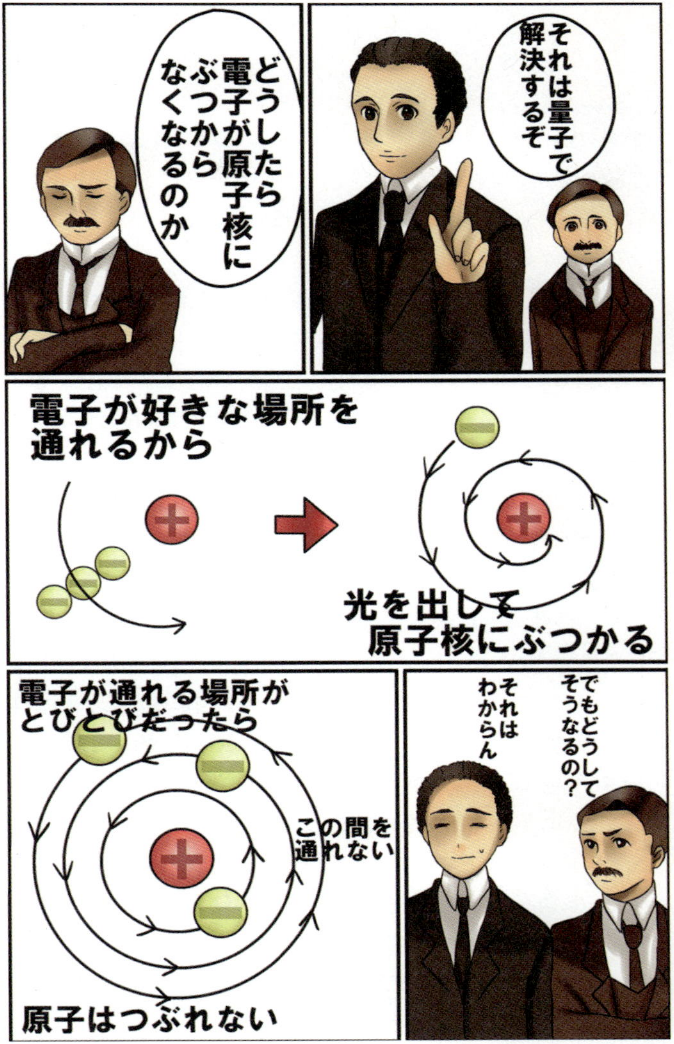
どうしたら電子が原子核にぶつからなくなるのか
それは量子で解決するぞ
電子が好きな場所を通れるから
光を出して原子核にぶつかる
電子が通れる場所がとびとびだったら
この間を通れない
原子はつぶれない
でもどうしてそうなるの?
それはわからん

18 電子は粒であり、波？

電子の軌道がなぜ飛び飛びなのか。この謎を解決したのはボーアではなく、フランスの物理学者**ルイ・ド・ブロイ**だった。ド・ブロイは電子の軌道が飛び飛びになるのは、電子が**波の性質**をもっているからだと考えた。

電子は物質を構成する重要な要素だ。これまで電子が粒だということは、実験事実からもゆるぎないと思われていた。それが波の性質ももっているという驚きの理論がでてきたのだ。

電子が波の性質をもっていたら、当然、電子は波打ちながら動くことになる。波打つものが円軌道で動くということは、1周するともとの場所に戻る必要がある。このように条件を絞っていくと、電子の軌道は、電子のもつ波長の整数倍にならないといけない。

これがド・ブロイの考えた**物質波**という考え方だ。こう考えると、電子の通る軌道が飛び飛びである理由が説明できる。物理学になじみがない人にとってはこじつけに見えるかもしれない。

しかしこれは、プランクやアインシュタインによって光が波と粒の両方の性質をもっていることが明らかにされていたあとだった。光が波であり粒でもあるのなら、電子も粒であり波であってもいいだろうという考え方が生まれてもおかしくない。

物質波の考えは、のちにオーストリアの**エルビン・シュレーディンガー**によって方程式で表され、電子の動きやエネルギーをくわしく計算することができるようになった。**シュレーディンガー方程式**での計算結果は、原子の中の電子の軌道が飛び飛びになるというボーアの理論と一致するものだった。

どういうこと…？
電子が波だったら存在できる
波だったら振動するので
波長と一周した時の長さが合わないといけない
でも電子は粒でしょ…
こうすると電子の通り道がとびとびになる

19 物質波は確率の波?

シュレーディンガー方程式で**物質波**について計算ができるようになったものの、物質波そのものについてはよくわからないままだった。シュレーディンガー方程式から導かれる電子の姿は単純に円軌道を回っているわけではなく、原子核の周りを取り囲む薄い雲の層のようになっている。どんなに観察しても、電子が波のように存在する物質は実際に見ることはできない。

物質波を見ることができないから、電子が完全に粒かというとそうではない。電子が波の性質をもっていることは**二重スリットの実験**からも、示されている。スリットとは細い切れこみのことで、光の場合、光源とスクリーンの間に2つの細い切れこみを入れた板を置くと、明るいところと暗いところが交互にでてくる干渉縞が現れる。これは光が波の性質をもっているからだ。

同じように電子の場合も、二重スリットと同じ効果のあるものを間に置くとスクリーンに干渉縞が現れる。電子の干渉実験は、電子銃というものを使い、1つひとつ電子を打ちこんで行われる。このとき注意しないといけないのは、1つや2つ打ちこんだだけでは干渉縞が現れないことだ。

打ちこんだ電子はスクリーンに点としてしか当たらないので、数が少ないとただランダムに当たっているようにしか見えない。しかし、100個、1000個と打ちこんでいくと、干渉縞が浮かび上がってくるのだ。この現象は1989年に日本の外村彰らのグループにより実際に確かめられ、イギリスの物理学雑誌で「歴史上もっとも美しい実験」に選ばれた。

シュレーディンガーの時代は、実際に電子の干渉縞を見ることはできなかったが、シュレーディンガー方程式での計算から電子を打ちこんだ場合の干渉縞のでき方は予想されていた。このような予想から、物質波とは、実際の波ではなく、確率の波であるという考え方が生まれたのだ。

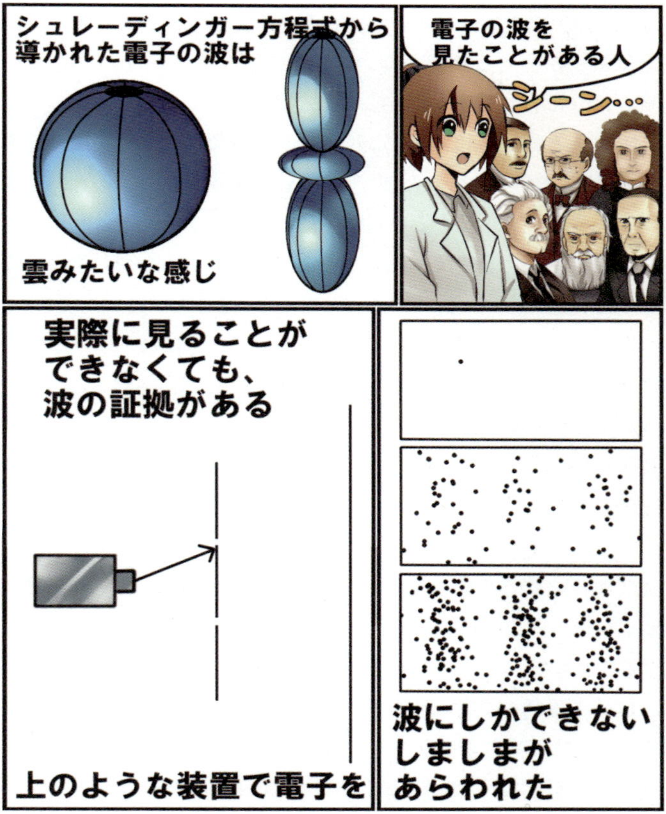
シュレーディンガー方程式から
導かれた電子の波は
雲みたいな感じ
電子の波を
見たことがある人
シーン…
実際に見ることが
できなくても、
波の証拠がある
上のような装置で電子を
波にしかできない
しましまが
あらわれた

20 神はサイコロがお好き?

確率の波とはどういうことだろうか。シュレーディンガー方程式で計算できる雲のような電子の波は、電子が存在する確率を表していた。二重スリットでできる干渉縞で話をすると、明るい部分は電子が当たる確率が高い、つまり**存在確率**が高いところで、暗い部分は存在確率が低いところとなる。

実は、これと同じようなことが原子の中で起こっている。原子核の周りにできる電子の波では、波の高いところで電子が見つかる確率が高く、低いところは見つかる確率が低いことを示していた。しかも、電子は私たちが観測すると粒になってしまうと考えられるようになった。

電子は、ふだん原子の中などに存在するときは波のような状態になっていて、ある場所にこのくらいの確率で存在することができるとしか表現できない。つまり、いつ、どこにいるのかがはっきりとわからないのだ。さらに、電子の波を観測しようと思っても、観測した時点にいた場所に、粒となって出現するという。

これは私たち人間の感覚からすると、とても奇妙な話だ。たとえば地球の周りを回っている月は、私たちが観察しようがしまいが、いつ、どこにいるのかがわかるし、観測することによって変化することもない。

電子の場所が確率でしか表すことができないことについて、たくさんの物理学者が異議を唱えた。そのなかには、量子力学を引っぱってきたプランク、アインシュタイン、シュレーディンガーなどもいた。特にアインシュタインは「**神はサイコロを振らない**」と、確率でしか表現できないという考え方を激しく批判した。

この場所にいる
確率が高い
ってだけ
電子の位置は
一つに
決められないんだ
観測された電子は
その時たまたま
その場にいたもの
ピタッ
ピタッ
核
だるまさんが転んだを
やっているようなもの
確率的にはそう
私の体を
作っている電子が
遠くのカフェにいる
事もあるの？
神は
サイコロを
ふらない！
この前もそう言って
怒られたよ…
いつどこにいるか
わからないと
科学じゃないんじゃ

21 不確実な部分が含まれている量子の世界

電子のようにとても小さい物質の世界では、ある時間にどの場所にいるのかをはっきり示すことはできない。できるのは存在確率を示すことのみだ。

これはニュートン力学や相対性理論では考えられないものだった。これまでの物理学では惑星でも、ボールでも、新幹線でも、スタートしたときの時刻、場所、スピードなどの条件が与えられれば、いつ、どこにいるかを知ることができた。それを知ることが物理理論の役目でもあった。

しかし量子力学では、電子のような小さな粒子は、いつ、どこにいるかがわからないという。このような理論が本当に正しいのかといわれるのも無理はない状況で、アインシュタインの言葉はその代表だった。

この状況に変化をもたらしたのが、ドイツの物理学者**ヴェルナー・ハイゼンベルク**の発案した**不確定性原理**だった。この原理は、とても小さな物質の運動を扱う量子力学では、本質的に不確実な部分が現れてしまうというものだった。

物体の運動は位置と速度で表される。ニュートン力学の世界では位置が決まれば速度が決まるし、速度が決まれば位置が決まった。だが、粒であり波でもある電子の場合、位置を決めようと観測場所を狭くしていくと電子の速度があいまいになってしまい、速度を測定していくと位置があいまいになってしまうのだ。

量子力学では、粒子の速さは物質波の波長で決まることになっている。1波長の長さを測らないと波長はわからないが、そうすると1波長の中のどこに粒子が位置するのかがわからなくなってしまう。

不確定性原理は、電子に粒と波の二面性をもたせた量子力学が抱える根本的な不確定性を明らかにした。ものごとは相反する2つの部分に支えられていて、その両方を同時に決めてしまうことは不可能なことだ。どちらかが決まれば、どちらかがあいまいになってしまうのだ。

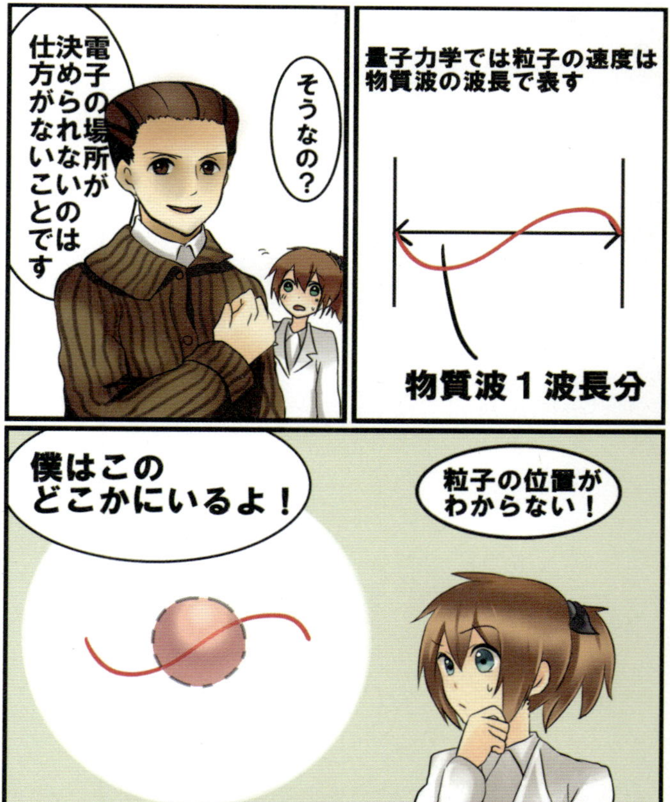

第2章
素粒子の世界と元祖ひも理論

量子力学が誕生したことにより、原子核よりも小さな素粒子の世界の物理学が発展してきた。そのなかから元祖ひも理論ともいえる理論が誕生した。この章では素粒子とひも理論とのつながりを見ていく。

01 原子核から見つかった中性子

この章では電子から少し離れて、原子核の話をしよう。原子は電子と原子核に分けることができた。原子全体を見ると電気的に中性だ。そして、電子はマイナスの電気をもっているので、原子核はプラスの電気をもっていることになる。

実際、原子核にはプラスの電気をもつ陽子があることがわかっている。発見したのはイギリスの物理学者**アーネスト・ラザフォード**だ。陽子はプラスの電気をもっているので、原子核が陽子からできているという考え方は、これまで築き上げてきた考え方と矛盾するものではない。だが、プラスの電気をもつ陽子同士が反発せずにどうやってまとまっているのかはわからなかった。

さらにラザフォードの弟子である**ジェームス・チャドウィック**が、原子核の中から電気的に中性の**中性子**を発見し、謎がさらに深まった。チャドウィックの発見によって、原子核は陽子と中性子でできていることはわかってきたが、それぞれの粒子がどうして離れずに原子核となるのかが、一向にわからないままだった。

当時知られていた力は重力と電磁気力だけだったが、この2つの力では、陽子と陽子、陽子と中性子、中性子と中性子のどの組みあわせをとっても、お互いに引きあうしくみを説明することができなかった。

陽子と中性子がバラバラにならず、まとまって原子核をつくるには、なんらかの力が必要だ。プラスの電気をもつ陽子同士が反発せずに、しかも電気的に中性な中性子も影響を受けるという観点から考えていくと、電磁気力ではない、なにか別の力が存在することが必要になっていた。

原子核の陽子は
なぜバラバラに
ならないんだろう
先生、原子核から
新しい粒子が
見つかりました
どんな粒子だ!?
それが、電気的に
中性なんです
中性子
どうやって くっついているか
余計にわからなくなった・・・

02 陽子と中性子をくっつける力を探せ

チャドウィックが中性子を発見したのは1932年。この時代、物理学で知られていた基本的な力は、重力と電磁気力だけだった。重力は天体の間に働いたり、人間などを地球の上にとどめている力として知られていた。

電気と磁気の存在について、人間は大昔から知っていた。しかし、その正体がわかってきたのは18世紀以降のことだ。電気を取りだしたり、電池が発明されるようになってきて電気のことがよく研究されるようになると、電気と磁気が関係していることが明らかになってきた。19世紀に入ると、イギリスの物理学者**ジェームズ・マクスウェル**が電気力と磁気力は同じ力を別の側面から見たものであることに気づき、**電磁気力**として統合していた。

原子核をつくる陽子と中性子をくっつける力は、原子核内の力、**核力**と呼ばれた。核力は、重力でも電磁気力でも説明することのできないもので、世界中の研究者が頭を悩ませていた。

その疑問を解決したのは日本人の**湯川秀樹**だった。この当時、電磁気力の正体が光子であることは明らかになっていた。電気をもった物質同士が、光子をキャッチボールするようにやりとりすることで力を生みだしていたのだ。

湯川は光子のやりとりにヒントを得て、原子核の中にあるそれぞれの陽子や中性子の間でも力を伝えるための粒子がやりとりされているのではないかと考えていった。しかし、電子をはじめ、当時発見されていた粒子では、複数の陽子や中性子をまとめる核力が生まれないことがわかってきた。湯川の研究は行き詰まったかに思えた。

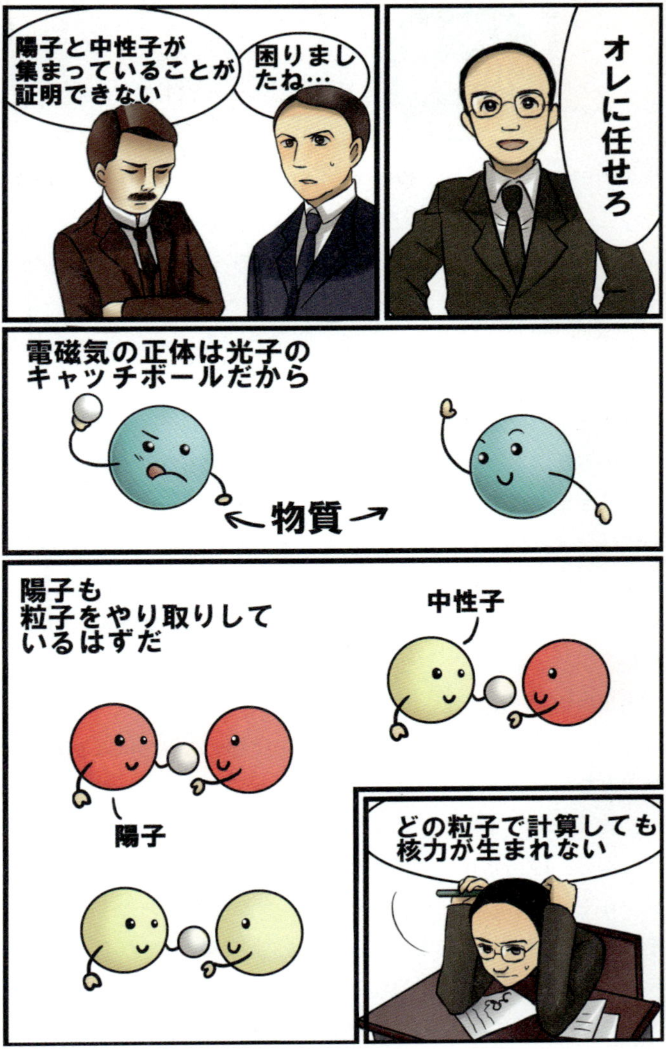
陽子と中性子が集まっていることが証明できない
困りましたね…
オレに任せろ
電磁気の正体は光子のキャッチボールだから
物質
陽子も粒子をやり取りしているはずだ
中性子
陽子
どの粒子で計算しても核力が生まれない

03 新しい粒子の存在を予言した湯川秀樹

当時知られていた粒子では、陽子と中性子をくっつける核力を生みだすことができない。そのことがはっきりしたら、その次にどんなことを考えたらいいだろう。粒子で力をやりとりするという説をあきらめてほかの方法を考えるのだろうか。ふつうの人ならそう考えてもおかしくはない。

しかし、湯川の場合は違った。陽子と中性子の間に働く力のことを徹底的に考えていった。この力は作用する距離が電磁気力や重力と比べると極端に短い。もし、この力も粒子でやりとりされているとなると、その粒子の重さは電子の200倍くらいになるだろうと予測した。そして湯川は、陽子と中性子がくっついているのは、まだ知られていない**中間子**という粒子がやりとりされているからだという**中間子論**を発表した。中間子という名前は、予想された粒子の大きさが電子と陽子の中間だったことからつけられた。

湯川は中間子論の第一報を1934年11月に発表した。この理論は、日本では大きく注目されたが、海外では初めのうちはほとんど注目されなかった。海外では湯川自身が無名だったことや、実験的な証拠がないことなどが原因だった。

しかし、1936年にアメリカの物理学者**ディヴィッド・アンダーソン**らや、日本の**仁科芳雄**らのグループが中間子のような新粒子を相次いで発見したことによって、だんだんと状況が変わっていった。発見された新粒子は中間子ではなくミュー粒子だったものの、まだ知られていない粒子が存在するかもしれないという雰囲気が強くなっていった。

そして1947年、イギリスの物理学者セシル・パウエルらがアンデス山脈の山の上で宇宙線の中から湯川の予言した中間子を発見した。1948年には、カリフォルニア大学で大型サイクロトロンを使って、中間子を人工的につくりだすことに成功し、中間子の存在を決定的にした。そして1949年、湯川秀樹にノーベル物理学賞が贈られたのだ。

04 素粒子クォークの発見

湯川の予言した中間子が実際に見つかったことによって、研究者の目はまだ知られていない新しい粒子へと向かうようになった。実際に中間子の仲間などがたくさん見つかってきた。

だが、同時に、たくさんの新粒子の発見は、これらの粒子よりももっと基本となる**「素」粒子**があるのではないかという考えにつながっていった。

中間子が発見されたのは、宇宙からやってくる**宇宙線（高エネルギー放射線）**の観測からだ。宇宙線からは中間子のほかにも**ミューオン**という粒子も見つかっていた。しかし、もっと小さな粒子を見つけるためには、さらに大きなエネルギーをつくりだす実験装置が必要だった。それが**加速器**だ。加速器は、磁石などを使い、粒子を加速させ、ほかの粒子とぶつける装置だ。そのときに生みだされる大きな力を使って、新しい粒子を発見していこうというものだ。加速器そのものは1930年代からつくられていたが、最初のころのものはまだまだエネルギーが低く、宇宙線を観測するほうが現実的だった。

素粒子の研究は、宇宙線の観測と、加速器の高性能化の2つの方向性で進められた。そして1960年代に入ると、陽子や中性子、中間子はさらに小さな粒子でつくられているのではないかという理論が提案された。それが**クォークモデル**で、1963年、アメリカの物理学者**マレー・ゲルマン**と**ジョージ・ツワイク**が同時に提案した。**クォーク**という名前は小説にでていたカモメの鳴き声から取ったもので、モデルを考えたゲルマン自身は、クォークはあくまで仮定の粒子だったので、実在するとは思っていなかった。

しかし、実験を重ねていった結果、クォークが存在するという証拠がいくつも挙がってきた。現代の物理学の理論は、クォークがこれ以上分割することのできない素粒子の1つであると考えている。そして、このクォークの存在を基礎に積み上がっている。

05 この世の中は素粒子からできている

この世の中にある物質を細かく見ていくと、すべて素粒子に行きつく。そして、物質だけでなく、物質と物質の間に働く力の正体も素粒子だった。ということは、この世の中は素粒子からできていることになる。その素粒子は、現在、**3つのグループ**に分けられている。1つ目は、原子核や中間子などの材料になるクォークだ。クォークモデルが提案された当時は3種類あるとされていたが、現在は**6種類**あることが知られている。

2つ目が電子やニュートリノなどが入る**レプトン**と呼ばれるグループ。こちらも現在、6種類の粒子があることがわかっている。

そして、3つ目が力を伝える粒子のグループ。このグループは**ボソン**、**ボース粒子**などと呼ばれている。この世の中にある力は重力、電磁気力、強い力、弱い力の4種類あり、それぞれの力に対応する粒子が存在すると考えられている。そして4種類の力のうち、3種類までは力を伝える粒子が見つかっている。電磁気力を伝える**光子**、強い力を伝える**グルーオン**、弱い力を伝える**ウィークボソン**である。しかし、重力を伝える**重力子**はまだ発見されていない。

現在発見されているボソンは全部で**12種類**。力の数とあわないのではと思う人もいるかもしれないが、ボソンは1つの力に対して1つしかないわけではない。確かに光子は1種類だけだが、グルーオンが8種類、ウィークボソンが3種類あるので計12種類あるのだ。それに加えて重力子が最低でも1種類ないとおかしいので、13種類以上あると考えられている。

話はこれで終わりではない。実はこれまで話したどのグループにも属さない粒子がある。それは**ヒッグス粒子**だ。くわしい説明はあとでするが、このヒッグス粒子は素粒子の理論を成り立たせるうえでとても重要な役割をしている。いまは、クォーク6種類、レプトン6種類、ボソン12種類、ヒッグス粒子1種類の計25種類の素粒子が発見されていて、まだ発見されていないが、重力子があると考えられていることを頭に入れておこう。

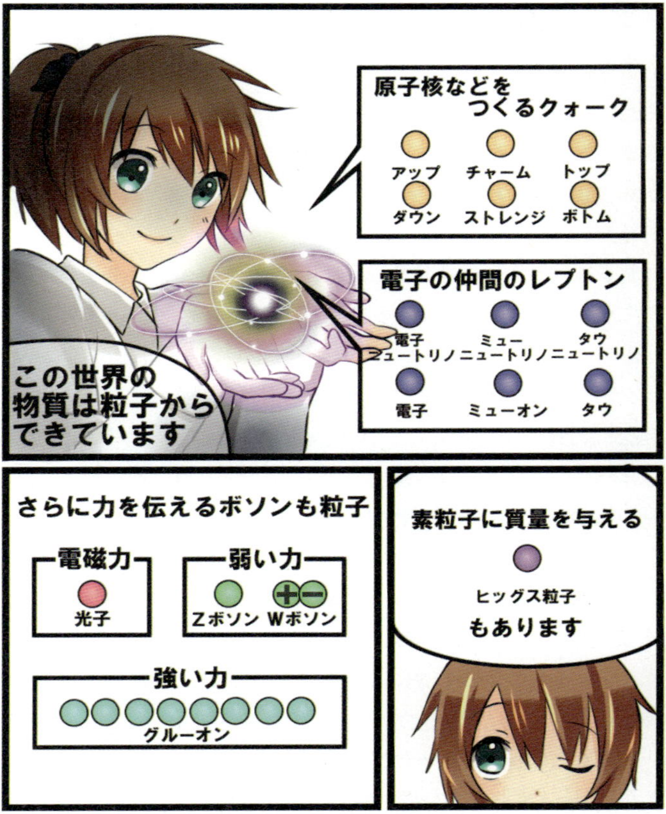

06 クォークとレプトンの共通点

私たちの体をはじめ物質をつくっているのは、**クォーク**と**レプトン**だ。原子核をつくる陽子と中性子は、それぞれ3つのクォークからできているし、原子核の周りを回っている電子はレプトンの仲間になる。

このクォークとレプトンにはいくつかの共通点がある。まず、どちらも**6種類**ある。そして、どちらも**3つの世代**に分かれているのだ。世代というのは、質量、つまり重さの違いだと思っていてかまわない。クォーク、レプトンともに、各世代に電気的な性質が違う2種類の粒子がいて、それが3世代あるので、6種類という計算だ。

質量以外の粒子の性質は、各世代で違いがない。あるとすれば、第二世代、第三世代の粒子は、質量が大きいために不安定で、ほかの粒子に変わりやすいということぐらいだろうか。

クォークとレプトンは確かにたくさんの物質をつくっているが、実際に物質の中で見ることができるのは**アップクォーク**、**ダウンクォーク**、**電子**の3つの粒子だけだ。ニュートリノも存在するが、原子核の中で陽子が崩壊するときにでてくるくらいしか見ることができない。これらの素粒子はすべて第一世代に属している。

私たち人間からしてみれば、第二世代や第三世代の素粒子がなくても困らないのだ。実際、第二世代に属するミューオンという素粒子が見つかったときに、「いったい誰が注文したんだ」という物理学者もいたほどだった。

実験などから、クォークとレプトンの世代は3つまでしかないことがわかってきたが、なぜ3つの世代に分かれているのかは依然として明確な答えがないままだ。超ひも理論が完成すれば、この謎も解けるのではないかと期待されている。

07 宇宙に働く4つの力

素粒子は、物質をつくるだけでなく、力の作用にも関わっている。私たちの身の周りには、たくさんの力が働いているように感じるかもしれない。しかし、それも突き詰めてしまえば、重力と電磁気力にまとめられる。ものを投げたり、蹴ったり、落下したりするときに働く力は**重力**になり、摩擦力や表面張力などは**電磁気力**に分類される。

アインシュタインの時代にはこの2つの力しか知られていなかったが、素粒子物理学が発展したおかげで、**強い力**と**弱い力**が発見された。そして、この宇宙で働いている力は、重力、電磁気力、強い力、弱い力の4つということになる。

重力は、ニュートンやアインシュタインのおかげで、地球上の運動だけでなく、惑星や恒星、銀河の動きなどにも影響を与えており、重力を調べることで、宇宙にあるいろいろな天体の動きを予測することができるようになった。また電磁気力は、大昔から見ることのできた電力と磁力の現象が、18世紀に1つの現象を別の角度から見たものであることが証明された。

このように、この宇宙で働いている力は、だんだんと整理されてきて、4つの力で説明できるまでになった。そして、さらにこれらの力を1つの理論で説明しようという試みがなされている。4つの力になるまでも、物理学は力を統一して、力とはなにかを明らかにして、その力にまつわる多くの現象を解明してきた。力の理論を1つにすることは、その1つの理論で、宇宙で起こるすべての現象を説明することになるのだ。そのために多くの物理学者が研究を進めている。

電磁気力
重力
弱い力
わ、陽子に変わっちゃった!?
僕中性子
ニュートリノ
電子
強い力
離れられない
陽子
クォーク
でも強い力も弱い力も見たことないんだけど…
宇宙に働くのはこの4つの力だ

08 原子核に働いている2つの力

4つの力のうち、**強い力**と**弱い力**の2つは届く距離がとても短い。だから、原子核について研究されるまでは、その存在自体が確認されていなかった。しかし、原子核をつくっている陽子や中性子は、3つの**クォーク**からできている粒子だということがわかり、核力を生みだすと考えられていた中間子も、実はクォークからできる粒子だということなどがわかってくると、状況は大きく変わってくる。

クォークをくっつけていたのは強い力だった。そして、この強い力を伝えるのが**グルーオン**という粒子だ。グルーというのは、紙や木などをくっつけるにかわを意味する英語なので、にかわ粒子と訳してもいいかもしれない。

湯川の予言によって発見された中間子は、クォークと反クォークからできていて、陽子と中性子をくっつける力も、もとをたどっていくと強い力に行きつく。強い力は、原子爆弾や原子力発電に利用される核分裂や、太陽のエネルギー源となっている核融合と関係しているのだ。

強い力のほかに、実はもう1つ、原子核には力が働いている。それが弱い力だ。弱い力は粒子の性質を変化させて、ほかの粒子に変える働きをもっている。たとえば、中性子が崩壊すると、電子とニュートリノが飛びだすように変化する。弱い力はこのような変化に関わっている。実はこの中性子の崩壊は、放射性物質の自然崩壊に関わっている。放射性物質の自然崩壊は、地球の中心部分でも起こっていて、約6000℃あるといわれている中心部分の温度を維持する源と考えられているのだ。

重力
電磁気力
強い力
弱い力
力は種類によって
届く距離が違う
強い力
離さないぞ
強い力はクォークを
くっつける力
弱い力は
捨てちゃえ
ウィーク
ポソン
陽子に
なった
陽子
中性子
ニュー
トリノ
電子
弱い力は中性子が
崩壊する時に出てくる
強い力も弱い力も
届く距離が原子核より
短いんだ
だから私達は
感じないんだ

09 重力はとっても小さな力だった

実は20世紀の前半にも、アインシュタインが力の統一に取り組んでいた。当時知られていたのは**重力**と**電磁気力**だけだったので統一はうまくいかなかったが、力を1つの理論で説明することは、物理学の研究にとっては重要な課題になっている。

アインシュタインが統一しようとしていた重力と電磁気力は、どちらも遠くまで届くので、私たちが見たり感じたりすることができる力ではあるが、その性格はかなり違う。たとえば、力の大きさは重力のほうがとても小さいのだ。

このような話を聞くと、ヘンな顔をする人もいるかもしれない。地球の上に暮らしている私たちは、重力の大きさをよく知っているからだ。野球でフライになった打球はかならずグラウンドに落ちてくる。また、駅のホームでは階段を上がるのがつらいと感じる人も多いはず。それは重力に逆らって自分の体を高い場所に上げなければならないからだ。

地球の重力がいかに大きいのかはロケットの打ち上げを見ればよくわかる。けたたましい轟音とともに発射されるロケットは何段階かの加速を経て、秒速11.2km以上のスピードになることでやっと地球の重力圏から抜けることができるのだ。

そんな重力が電磁気力よりも小さい力だということは、にわかに信じられないかもしれない。しかし、思いだしてほしい。机の上に置いてあるクリップに磁石をかざすと、クリップは机を離れて磁石にくっついてしまう。クリップには当然、重力が働いているので、磁石のつくった電磁気力が重力に打ち勝ってクリップを引きよせたということになる。

電磁気力の大きさと比べると、重力の大きさは37桁も小さくなる。こんなに大きさの違う力を同じ理論で説明するのは、アインシュタインの時代には不可能だった。

10 閉じこめられて取りだせないクォーク

陽子や中性子は3つのクォークからできていて、中間子はクォークと反クォークからできている。しかし、どんなにがんばってもクォークを1つひとつ取りだすことはできない。現在、6種類あると考えられているクォークも、クォークそのものが観測されたわけではなく、中間子などの形になったものを観測するなかで、6種類あることが確かめられていった。

というのも、クォークの間に働いている強い力は10^{-15}cm以下の距離ではほとんど働かないが、その距離よりも遠くなると、急に大きな力が働くようになる。ちなみに、10^{-15}cmは原子1個分の直径である0.1ナノメートルの1000万分の1という大きさだ。

2つのクォークを陽子の半径くらいの距離まで離すと、クォーク間に30トンという信じられないほど大きな力がかかる。クォーク同士に働いている強い力を切ってしまうほど高いエネルギーをだすことのできる装置は、いまのところ開発されていないので、クォークを1つだけ取りだすことはできないのだ。

クォークが取りだせないのはたんに強い力がかかっているだけではない。陽子や中性子からクォークを1つだけ引っぱりだそうとして、ほかの2つのクォークから引き離していくと、ある距離まで行ったところで、反クォークとクォークがくっついた中間子が生まれる。そして、引き離そうとしていたクォークはもともとパートナーになっていた2つのクォークのところに戻って、もとの陽子や中間子になってしまう。このことを**クォークの閉じこめ**という。クォークは1人だけでポツンといるよりも、仲間といっしょに陽子、中性子、中間子をつくっているほうが居心地がいいのだ。

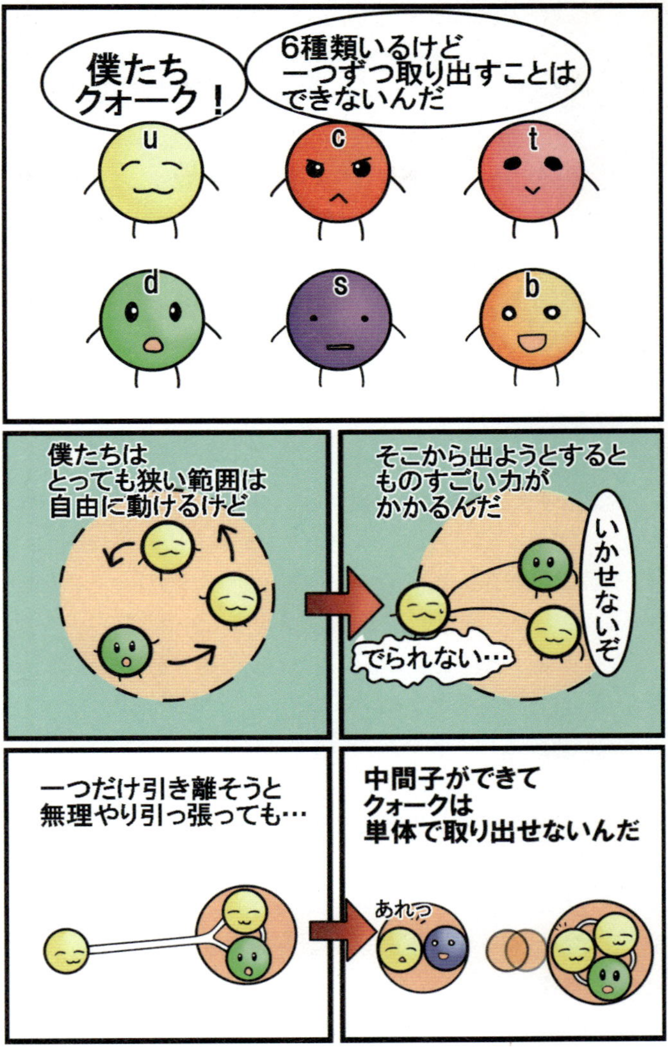
僕たち
クォーク！
6種類いるけど
一つずつ取り出すことは
できないんだ
u
c
t
d
s
b
僕たちは
とっても狭い範囲は
自由に動けるけど
そこから出ようとすると
ものすごい力が
かかるんだ
いかせないぞ
でられない…
一つだけ引き離そうと
無理やり引っ張っても…
中間子ができて
クォークは
単体で取り出せないんだ
あれっ

11 陽子と中間子で起こる不思議な現象

素粒子の世界で、初めてひもの話がでたのは、クォークの研究からだった。クォークは、陽子や中性子などに閉じこめられて、単独で取りだすことができないという話をした。

その続きのような話なのだが、クォークでできた陽子や中性子などの粒子同士をぶつけたときに起こる現象が少しヘンだったのだ。たとえば、陽子とパイ中間子をぶつけると、ぶつかったあとに、お互いが別々の方向に飛んでいく。しかし、ぶつかった直後から飛んでいくまでの変化をくわしく考えてみると、2通りのことが起こった可能性があった。

1つは陽子とパイ中間子が衝突して、いったん**ラムダ粒子**という粒子ができるというもの。できたラムダ粒子はすぐに壊れるので、ふたたび陽子とパイ中間子に分かれて飛んでいくことになる。このような経路を物理学者は**Sチャンネル**と名づけた。

2つ目は陽子とパイ中間子の間でロー中間子を交換するというもの。ロー中間子を交換することで、2つの粒子の間に力が働き、別々の方向へと飛んでいくことになる。このような経路は**Tチャンネル**と呼ばれている。

陽子とパイ中間子が衝突して別々の方向に飛んでいくという1つの現象に対して、2つの解釈ができることは日常生活でも体験しそうなことだ。この場合、2つの経路のどちらを通ったのかを数えて足しあわせれば、全体の数と同じなるはずだ。

だが、実際に観測してみると、ちょっと違った。Sチャンネルを選んだ回数とTチャンネルを選んだ回数は、ともに陽子とパイ中間子を衝突させた回数と同じなのだ。つまり、SチャンネルとTチャンネルを同時に足しあわせるのはダメだということになる。この結果から、SチャンネルとTチャンネルは2つの経路ではなく、同じ現象が2つの見え方をしていることになる。こんな不思議なことがあるのかと、物理学者たちはとても悩んだ。

12 元祖ひも理論の登場

陽子とパイ中間子の衝突で、SチャンネルとTチャンネルは違う現象のように見えるが、実は同じ現象と見なすことができた。この性質は**双対性**（**デュアリティ**）と呼ばれた。デュアリティは、イタリアの物理学者**ベネティアーノ**が数学的モデルをつくったものだ。そして、そのモデルをもとにしてデュアリティの謎を解いたのが、**南部陽一郎**だった。

ベネティアーノのつくったモデルを1年間眺め続けた南部は、粒子だと思っていたものをひもだと考えるとつじつまがあうことに気がついた。つまり、陽子とパイ中間子を粒子と考えずに、ひもだと考えると、どちらも2つのひもが途中で1つにつながって、また2つのひもに分かれていく現象であると理解することができるのだ。しかも、Sチャンネルで描くことのできる図を、方向を変えて眺めるとTチャンネルを表す図になった。つまり、SチャンネルとTチャンネルは同じ現象を違う方向から見たものなので、変換ができるということが明らかになった。

このときに南部が考えた理論こそが、**元祖ひも理論**なのだ。ひも理論の出発点は陽子やパイ中間子など、クォークでできた粒子に現れるデュアリティを説明するための理論だった。

しかし、このときに登場したひも理論はすぐに行き詰ってしまった。ひもには両端があって1本のひものようになっている開いたひもと、輪ゴムのような閉じたひもがあるのだが、閉じたひもの中に、クォークでできた粒子では現れることのない特徴をもった、予想外のひもが現れてきたからだ。モデルを変えてもそのひもが現れてきてしまい、にっちもさっちもいかなくなっていた。

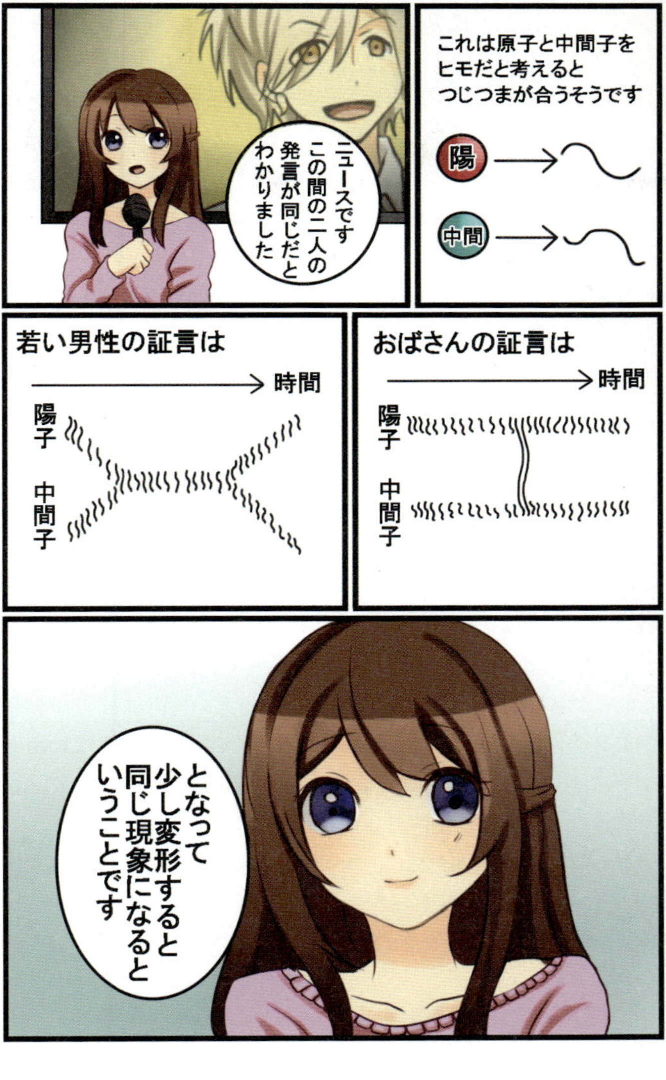
ニュースです
この間の二人の
発言が同じだと
わかりました
これは原子と中間子を
ヒモだと考えると
つじつまが合うそうです
陽
中間
若い男性の証言は
時間
陽子
中間子
おばさんの証言は
時間
陽子
中間子
となって
少し変形すると
同じ現象になると
いうことです

13 閉じたひもから重力子?

南部の考えたひも理論に登場した予想外のひも。この存在は確かに、最初のひも理論を窮地に追いこんだ。実はこの予想外のひもが、ひも理論をセオリー・オブ・エブリシングの理論へと導くカギになった。

ひもというと、まずロープのようなものを想像することだろう。どんな長さのものでもいいが、1本の線のようなものがひもと考える人が多いはずだ。ひも理論では、そのようなひもを**開いたひも**という。

だが、ひもは開いたひもだけでなく、**閉じたひも**もある。これはちょうど輪ゴムのような形をしている。ふつうの人の目から見れば、これはひもではないという意見もでてくるだろう。しかし、これもれっきとしたひもなのだ。開いたひもの両端をつなぐと、最終的には閉じたひもになるからだ。

この閉じたひもの中に、質量は0だが、スピンが2の粒子になるひもがあることがわかったのだ。スピンというのは粒子が自転をする運動量の大きさのようなものだ。それまで知られていた素粒子には、質量0なのにスピンが2となるものがなかったので、物理学者たちは説明に困ってしまった。

この問題を解決したのは、アメリカの**シュワルツ**と**シェルク**の2人と、当時大学院生だった**米谷民明**だった。両者は質量0でスピン2のひもがつくる粒子は、**重力子**と考えたらいいのではないかと発表したのだ。

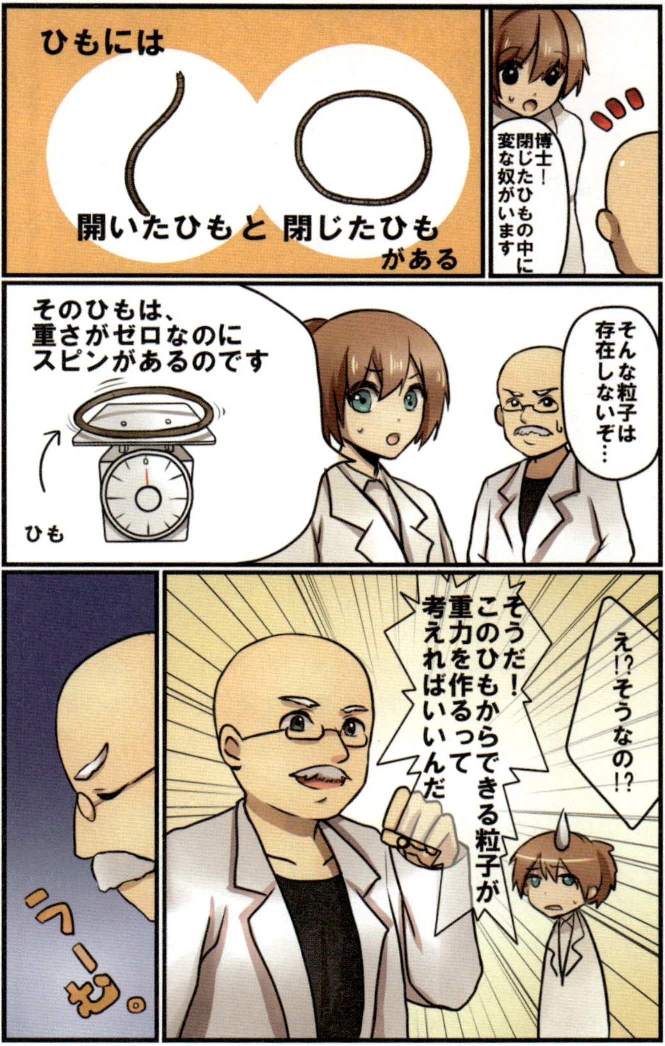
ひもには
開いたひもと 閉じたひも
がある
博士！閉じたひもの中に変な奴がいます
そのひもは、重さがゼロなのにスピンがあるのです
ひも
そんな粒子は存在しないぞ…
ふーむ。
そうだ！このひもからできる粒子が重力を作るって考えればいいんだ
え!?そうなの!?

14 ミクロのレベルで重力が説明できる？

質量0でスピン2の閉じたひもから重力子がつくられるというのはどういうことなのだろうか。南部が提案したひも理論は、クォークでつくられた粒子に働く相互作用を説明するためのものだった。

クォークでつくられた粒子を考えるかぎり、質量0でスピン2という性質はあてはまらない。そのため、なぜこのひもが存在するのかを説明することができなかった。

そこで考えられたのが、「**質量0でスピン2の閉じたひもは重力子をつくる**」というアイデアだった。このように考えれば、矛盾は解消できるのだ。このアイデアによって、ひも理論はたんにクォークでできている粒子の相互作用を考えるための理論ではなく、素粒子と重力をいっしょに考える理論として使えることが示された。

素粒子は原子よりも小さいものなので、当然のことながら量子力学に従う。しかし、重力を量子力学で説明するのは難しい。重力を説明する相対性理論の効果が現れてくるのは、とても大きなスケールのものだ。

いままで、ミクロのレベルで重力とはなにかという疑問に答える理論はつくられてこなかったが、ひもというものを考えると重力について考えることができるかもしれない。つまり、このアイデアは量子力学と相対性理論を1つの理論にまとめあげることができるかもしれないということを示している。このアイデアの重要性に多くの物理学者が気づくのは、もう少しあとの話になる。

こんな風に
質量0、スピン2
重力子
このひもから重力子ができると…
足りないパーツが埋まるのね！
この部分が埋まる
重力
光子
電磁気力
グルーオン
強い力
中性子
ウィークポソン
陽子
電子
ニュートリノ
弱い力

15 強い力の力線と量子色力学

それでは、クォークでできた粒子で考えられたひもとはなんだったのだろうか。南部は、クォーク同士やクォークと反クォークに働いていた力をひもとして説明していたのだが、力を説明するときに現れるひもとはなんなのか。

ここで、棒磁石の周りに砂鉄をまいたときのことを思いだしてみよう。砂鉄は、磁石のN極とS極を結ぶ線を描くように並ぶ。この線が磁力の伝わる経路を示した**磁力線**だ。

磁力は電磁気力の一部なので、本質的には光子のやりとりによってできる力だ。しかし、その力が伝わる経路は線のように見える。これと同じようなことがクォークとクォーク（反クォーク）でも起きていた。

クォークとクォーク（反クォーク）の間に働くのは強い力だ。強い力が働くときは、グルーオンが交換されている。このとき強い力が伝わる経路が、磁力線のように表現されてもおかしくない。そう、南部の考えたひもは、**強い力の力線**だったのだ。

現在、超ひも理論は、素粒子をつくるものすごく小さなひものことを**ひも**と呼んでいる。南部のひも理論で考えられていたひもは、超ひも理論の指すひもとはまったく別のものであったが、素粒子の世界では点で考えるのが常識だった。そのような世界に、ひもという新しい考え方を示したことだけでも、とても意義のある理論だった。

その後、6種類のクォークをよく調べると、強い力の大きさが3パターンずつあることがわかってきた。この3つのパターンを光の3原色と対応させて、**赤**（**R**）、**緑**（**G**）、**青**（**B**）と名づけ、**カラー**

と呼んでいたところから、強い力の理論を**量子色力学**と呼ぶようになった。つまり、クォークは量子色力学も考慮すると6種類ではなく**18種類**に分かれることになるのだ。

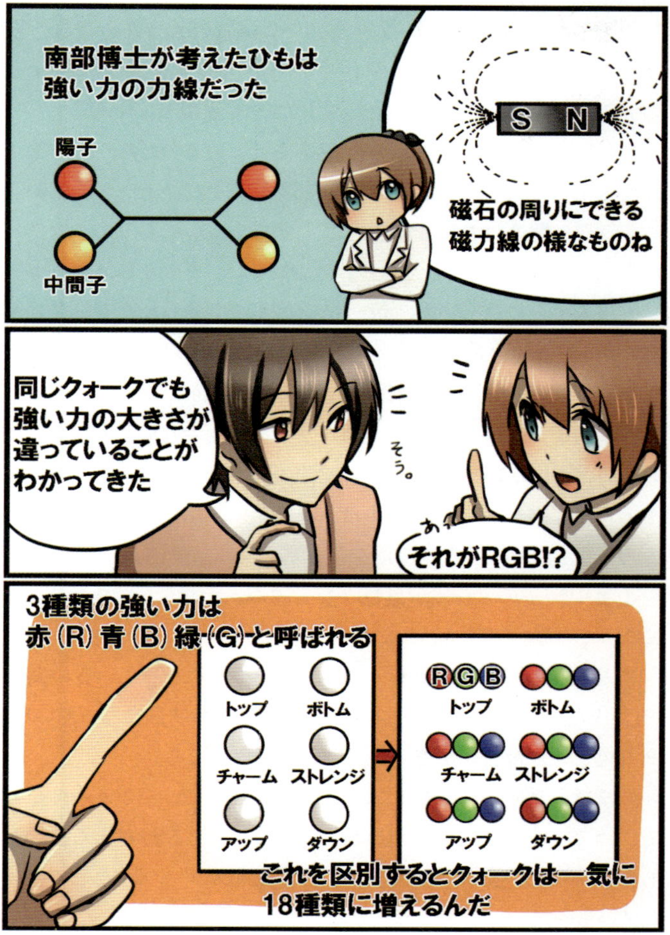
南部博士が考えたひもは
強い力の力線だった
陽子
中間子
S
N
磁石の周りにできる
磁力線の様なものね
同じクォークでも
強い力の大きさが
違っていることが
わかってきた
そう。
あっ
それがRGB!?
3種類の強い力は
赤(R)青(B)緑(G)と呼ばれる
トップ
ボトム
チャーム
ストレンジ
アップ
ダウン
RGB
トップ
ボトム
チャーム
ストレンジ
アップ
ダウン
これを区別するとクォークは一気に
18種類に増えるんだ

16 クォークに色がついている?

クォークで使われているカラーは、私たちがふだん見ている色とは意味あいが違う。粒子がもっている電気の大きさを電荷と表現するように、クォークに働く強い力の大きさをカラー(荷)としてR、G、Bと、光の三原色と対応させて表現している。

しかし、なぜ、光の三原色と対応させているのだろうか。そう思う人も多いだろう。R、G、Bと表現すると、クォークに色がついていると勘違いされる可能性は十分にある。もちろん、カラーRのクォークが赤色をしているわけではない。それならほかの方法で表現してもよかったのではないかと思ってしまう。だが、クォークのカラーは光と同じような性質をもっていたのだ。

1つひとつのクォークはカラーをもっているが、クォークでつくられる陽子、中性子、中間子は、カラーをもたないようになっている。どういうことかというと、3つのクォークからできている陽子と中性子は、R、G、Bのカラーが1つずつ組みあわさっている。光の三原色ではこの3つの色を混ぜあわせれば無色となるように、陽子と中性子のカラーが無色となる組みあわせしかできないようになっている。

また、クォークと反クォークの組みあわせになっている中間子では、クォークと反クォークのカラーが補色の関係になっている。ある色とその補色が混ざると、これも無色となる。

つまり、クォークでできた粒子は、集まっているクォーク全体で、カラーが無色になる組みあわせになっていると考えると理解しやすいので、強い力の大きさを示す量をカラー(荷)として表現しているのだ。

カラーって…
クォークに色がついてるの？
実際に色がついているわけじゃない
でも“カラー”というといいこともあるんだ
陽子や中性子はR・G・Bのカラーが1つずつ組み合わされている
カラーを全部足すと無色になる
d
u
u
陽子
u
d
d
中性子
中間子
u
a
物質を作る粒子は組み合わせて無色になるようになっているんだ
中間子はクォークと補色の関係にあるが…全体ではやっぱり無色になる

17 太陽の核融合をゆっくりと進める弱い力

自然界では、原子核の中で中性子が陽子に変化したり、陽子が中性子に変化する**ベータ崩壊**が起こる。ベータ崩壊が起こると、原子核の性質も変わり、ある物質から別の物質に変化する。

陽子と中性子は、原子核の中にいるときはわりと安定しているが、それでも中性子が陽子に変化する現象が起こる。自然界で観測することのできるベータ崩壊は、ほぼすべて中性子が陽子に変化するパターンだ。これを**中性子崩壊**という。

このベータ崩壊には弱い力が関わっている。強い力と同じように、弱い力も非常に狭い範囲にしか働かないので、私たちはふだんほとんど意識することはない。だが、この弱い力がないと、やはり私たちは生まれることができなかった。

太陽は**核融合**によって熱と光をだしているが、その第一段階で弱い力が働いている。太陽内部の核融合は、最初に水素原子核(陽子)が弱い力によって中性子に変化するところから始まる。弱い力は、名前のとおり本当に弱いので、この反応はひんぱんには起こらない。だからこそ、太陽の核融合反応はじわじわと起こり、100億年ほどの時間をかけてゆっくりと進行させていく。

もし第一段階の反応がもっと強い力で支配されていたら、核融合反応はもっと激しくなって、太陽は巨大に膨張し、場合によってはすぐに爆発してしまうことになる。そうなると、地球は生命が生まれるような環境にはならなかっただろう。地球上に生命が生まれ、私たちが暮らすことができるのは、弱い力が太陽内部の核融合をおだやかに進行させてくれたおかげなのだ。

また、地球の内部では、不安定な放射性元素が中性子崩壊を起こしている。このときに発生する熱の影響もあって、地球の中心部は現在でも6000℃ほどの温度を保っており、マントルの対流、プレートの移動、地磁気の発生といった活動を起こす原動力を得ている。

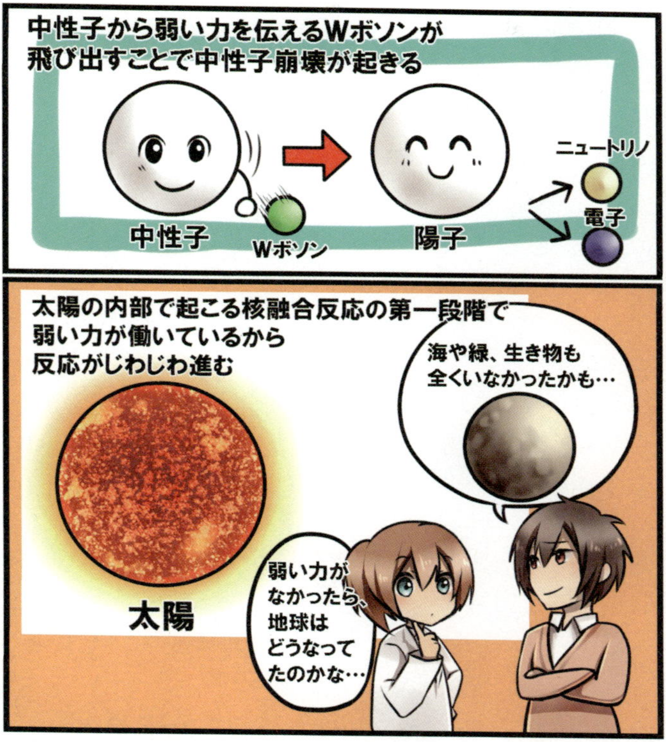
中性子から弱い力を伝えるWボソンが
飛び出すことで中性子崩壊が起きる
中性子
Wボソン
陽子
ニュートリノ
電子
太陽の内部で起こる核融合反応の第一段階で
弱い力が働いているから
反応がじわじわ進む
太陽
弱い力が
なかったら、
地球は
どうなって
たのかな…
海や緑、生き物も
全くいなかったかも…

第3章

素粒子の標準模型の誕生

一般相対性理論では
時間や空間を
どういう風にはかっても
重力の方程式は同じ

素粒子の世界を探求し、そのふるまいを説明するために、たくさんの科学者が知恵を絞り、誕生したのが素粒子の標準模型。標準模型構築の過程を通して素粒子の性質を理解しよう。

01 4つの力の統一という夢

この宇宙に働いている力が4つあることがわかってきて、物理学者たちはあらためて、これらの力を統一することに挑戦した。**力の統一**は、アインシュタインも挑戦したものの失敗に終わっている。アインシュタインが果たせなかった夢を追いかけていこうというのだ。

それにしてもなぜ、力を統一しないといけないのだろうか。素人目には、4つの力がそれぞれ説明できるだけでもいいのではないかと思ってしまう。

この宇宙で起こる現象は、すべて4つの力によるものだ。万有引力の法則が発見されたおかげで、惑星の軌道が明らかになったように、力の法則や理論を見つけて、数式で表すことができれば、いろいろな現象を説明したり、予測することができるようになる。4つの力について、それぞれの法則や理論で説明できることはとてもいいことだ。だが、それぞれの力を個別に説明することができても、その説明の間に矛盾が起きてしまうと大きな問題になる。

現在は、電磁気力、弱い力、強い力の3つの力の間では矛盾なく説明することができるようになったが、その説明と重力の説明の間で矛盾が生じている。物理学は自然界を数学の言葉で矛盾なく説明することを目指しているので、4つの力の説明の間に数学的な矛盾があってはいけないのだ。

4つの力を数学的に矛盾なく説明することができるようになれば、この宇宙で起こることはすべて説明できることになる。ただ、これは簡単な話ではない。長い時間をかけて、世界中の物理学者が理論を積み上げてきている。

電力と電磁気力が統一できるはず…!
ガサ
しかし
アインシュタイン死去
カク
無念…!
ここのピースがないぞ…
だれか持ってる?
力の統一
弱い力
電磁気力
強い力
重力
たくさんの物理学者が
力の統一を目指して頑張っているのね

02 統一のベースになった場の量子論

力の統一の話をするときに外すことができないのが、**場の理論**だ。

日常生活で力が伝わるときのことを考えてみよう。ボールを蹴ったり、相手を引っぱったりと、力をもったものが相手に触れることで初めて力が伝わる。

しかし、重力や電磁気力は、離れたところでも力をおよぼすことができる。この2つの経験は、とても矛盾していないだろうか。なぜ、重力や電磁気力は離れているのに伝わるのだろうか。

謎を解くために考えられたのが、「**場**」というものだった。たとえば、机の上に磁石を置いても、見た目にはなにも変化がないように感じる。しかし、目には見えない「場」ができて、その「場」が磁力を伝えるという考え方だ。

実際、磁石の上に透明な下敷きを置き、その上に砂鉄をまくと、砂鉄は模様をつくる。この模様が磁力線で、磁石の磁力を目に見える形にしてくれる。そして、この磁力線をつくる空間のことを**磁場**というのだ。

「場」は力を伝える空間なので、4つの力のすべてに生じると考えられている。しかし、ここで問題になってくるのが、「場」とはいったいなにかということだ。力を伝えるのはわかったが、これだと、なぜ力を伝えることができるのかがよくわからない。

このときに活躍したのが**量子力学**だ。素粒子の中にボソンというグループがあったことを覚えているだろうか。ボソンは力を伝えるときに登場する粒子だ。小さな粒子のふるまいは量子力学で語ることができるので、力の伝わる「場」の理論を考えるときに、量子力学の考え方が取りこまれていった。こうしてできてきたのが**場の量子論**なのだ。

磁石を置くと…
コト
そのまわりに砂鉄で
模様ができる
S
N
磁石で
「場」が
作られる
模様が
できるんだ
場…
？
この場をミクロの目で見ていくと
ボソンがやり取りされることで
力を伝える「場」ができていた
ボソン
S
N
ボソン

03 ボソンのキャッチボールと2重スリット

ボソンはどうやって力を伝えているのだろうか。よく使われているのはキャッチボールの話だ。たとえば電磁気力の場合、電気や磁気を帯びたものは、ボソンである光子をキャッチボールのようにやりとりすることで、電磁気力が発生すると考えられている。

ボソンは素粒子なので、その性質や行動を調べるのには量子力学を使うといいということになる。ここで1つ思いだしてほしいのは、46ページで話をした2重スリットの実験だ。あの実験では、電子を1粒1粒発射しても、数が多くなれば波の性質を示す干渉縞が現れる。

これは、量子力学特有の現象である。私たちが観測しているのがスクリーンの部分のみのために、スリットの部分がどちらを通るのか不確実になってしまうのだ。発射された電子は、可能性のあるいくつもの経路がすべて重ねあわせられている、つまり干渉しあっているために起きている。これが電子の粒子と波の二重性を証明している。

この話を聞いた人は、「じゃあ、片方のスリットを監視するとどうなるの？」と思うはずだ。この場合は、干渉縞は起こらず、2つのスリットの延長線上にしか電子は打ちこまれない。スリットの部分を観察することで、スリットを通る段階で量子の不確実性が失われてしまうからだ。

私たちは日常生活の経験から、ものが運動するときは1つの経路しかとらないと思いこんでいるが、量子力学の世界では、可能性のある経路はすべて通り、それらが重なりあっている。だから量子力学の場合は、すべての可能性を調べて計算する必要がある。

ボソンのキャッチボールで力が伝わると考えられている
じゃあボソンが通る道を考えればいいんだね!?
そんな単純な話でもなくてね…
ボソンは素粒子なので、通る道は1つだけじゃない
考えられる全ての道を重ね合わせないといけないんだ
えっそうなの!? 大変そうだね…

04 粒子の通る確率を足しあわせたファインマン図

粒子が通るすべての経路を考えるといっても、どうしたらいいのだろうか。考えられるものをすべて挙げればいいのだろうが、それではきりがない。量子力学の世界では、すべての粒子は存在確率しかわからない。A地点からB地点に移動する場合でも、私たちが日常的に経験するように通る経路は1つだけではない。いくつもの経路を同時に通る可能性があるのだ。

量子力学の世界の運動を考えるときは、すべての経路を通る確率を考え、それを足しあわせていく必要がある。たとえば、2つの電子が近づき、反発する現象を量子力学で考えると、片方の電子から電磁気力を伝える光子が放出され、もう片方の電子に届くと吸収されることで電磁気力が伝わり、2つの電子は別々の方向に飛んでいくように見える。

このとき、2つの電子の間を移動する光子はたくさんの経路を通る可能性がある。量子力学の場合、電子は考えられるすべての経路を同時に通っている。ただ、それぞれの経路は電子が通る確率の高いものもあれば低いものもある。その確率を足しあわせれば、電子がだいたいどのような道筋を通って移動するのかが見えてくる。

電子がそれぞれの経路を通る確率を足しあわせたものを**確率振幅**といい、その結果、わかった電子の通る道筋を表す図を**ファインマン図**と呼んでいる。ファインマン図で表すことによって、ミクロの世界の粒子の行動が理解しやすくなり、粒子と粒子の関係や、力の伝わり方がわかるようになる。

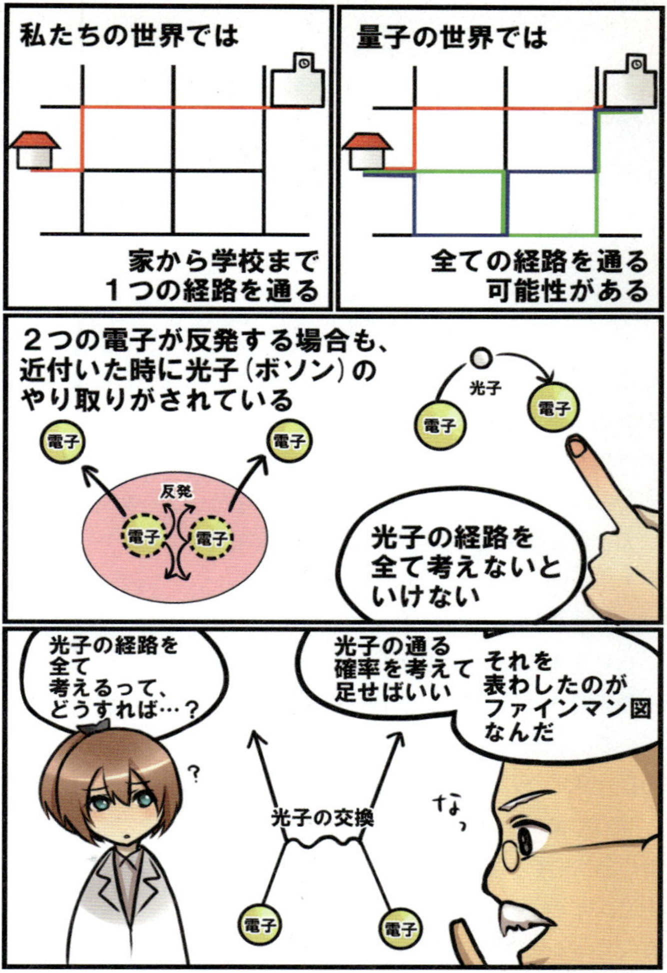
私たちの世界では
家から学校まで
１つの経路を通る
量子の世界では
全ての経路を通る
可能性がある
２つの電子が反発する場合も、
近付いた時に光子（ボソン）の
やり取りがされている
電子
電子
反発
電子
電子
光子
電子
電子
光子の経路を
全て考えないと
いけない
光子の経路を
全て
考えるって、
どうすれば…？
?
光子の通る
確率を考えて
足せばいい
それを
表わしたのが
ファインマン図
なんだ
なっ
光子の交換
電子
電子

05 4つの力に共通するゲージ原理

4つの力を統一していくためには、それぞれの力がもともとは同じものだったことを証明しないといけない。いま、私たちの暮らしている世界では、4つの力はそれぞれ別々に存在している。それらが同じものだというためには、それぞれの力の背後に共通する原理が必要だ。

その原理こそが、1916年にドイツの数学者**ヘルマン・ワイル**の発見した**ゲージ原理**だ。ゲージというのは、ものさしのように量を測る単位のことを指している。そして、ゲージ原理は、あるものの測り方を変化させても、力の働き方は変わらないという原理である。ワイルはアインシュタインが発表した一般相対性理論に大きな影響を受けて、ゲージ理論を発見した。

アインシュタインは、特殊相対性理論のなかで時間や空間が伸び縮みするということを扱っているが、それは2人の観測者の間の相対速度が一定の場合にかぎってのことだった。それに対して一般相対性理論では、相対速度が一定という条件が取り払われている。アインシュタインは時間や空間をどのように測っても重力は変化しないということを見いだし、重力の方程式を導いた。

ワイルはこの考え方が重力だけでなく、電磁気力でも使えることに気づいた。電磁気力はマクスウェルの方程式で記述することができるが、この方程式はとても複雑で、解くのが非常に難しいものだった。マクスウェルの方程式が複雑になる原因の1つとして、空間のさまざまな場所で電磁場が発生していることが挙げられる。

ワイルはそれぞれの場所での電磁場のものさしを比べれば、電磁気力のマクスウェル方程式を簡単に求めることができると指摘した。ワイル自身は、そのものさしが物理的にどんなものなのかまで解き明かすことはしなかったが、そのものさしがなにかわかれば電磁気力を簡単に記述することができることを示した。

一般相対性理論では
時間や空間を
どういう風にはかっても
重力の方程式は同じ
この方法は
電磁気力でも使えるぞ
そして生まれたのが
ゲージ原理なんだ

06 ゲージ理論の証拠となった アハラノフーボーム効果の実験

ワイルが提案した電磁場のものさしとはなにを指すのか。その意味がわかってきたのは、量子力学が完成したあとだった。量子力学が完成すると、電子と電磁場の関係が量子力学の枠組みで理解できるようになり、電磁場のものさしが**電子の波の位相**であることが突きとめられた。

量子力学では、すべての粒子は粒子としての性質だけでなく、波としての性質ももっていると考えている。もちろん、電子にも波の性質がある。水面にできる波は、水を動かすエネルギーが移動する様子がよく見えるが、水そのものは移動していない。1つの水の分子に注目してみると、たんに水の分子が上下に移動しているだけに見える。このとき、水の分子の上下のどの位置にあるのかを示す量を**位相**という。位相は円で表されることが多く、電子の波に対応する円が回転しても、方程式の形は変わらない。

電子の波の位相が電磁場と関係していることは、**アハラノフーボーム効果**と呼ばれる現象で確認することができる。この現象は、白黒の縞模様で見える電子線の波の様子が磁場の影響でずれて見えるというもので、**外村彰**のグループが世界で初めて実際に観測することに成功した。

このように、ものさしが変化したり、あるものの見方が変わっても力の性質が変わらないことを**ゲージ対称性がある**という。4つの力にはそれぞれゲージ対称性がある。もちろん、強い力と弱い力の背後にもゲージ原理が存在し、それを説明したのが**楊振寧**《ヤン・ジェンニーン》と**ロバート・ミルズ**による**ヤン—ミルズ理論**である。

ワイルの考えたゲージ理論は
円の物差しを回転させても
電磁気力の方程式は変わらない
というものだったんだ
そんなものさしって
本当にあるんですか？
実はこれは実験で
証明されているんだ
フフフ…
円の内と外で電子の波がずれても
方程式が変わらないのだ
磁場がかかっている
ずれてる
アハラノフーボーム効果

07 物質に質量を与えたヒッグス機構

場の理論によって4つの力は、重力場、電磁場といったそれぞれの場を考えることで、力を伝えるしくみを解き明かすことができるようになった。実は、力だけではなく、物質についても場というものがある。

量子力学の世界では、電子やクォークといった物質をつくる粒子は、同時に波の性質をもっている。電子などが運動する場合も、物質波が時空を伝わる現象と見ることができて、物質波を伝える物質場としても表現できるのだ。物質場には、電子などのレプトンによってつくられる場と、陽子や中性子などをつくるクォークの場がある。

ただ、この理論を進めるときに、とても困ることが起きる。場の理論では粒子は質量をもたないことが前提になっているが、実際にはクォークやレプトンは質量をもっている。物質場を成立させるためには、この矛盾を解決する必要があった。

そこで考えられたのが**ヒッグス場**である。もともと、クォークやレプトンそのものの質量はゼロだった。だがヒッグス場が物質場に作用することでクォークやレプトンに質量が生まれたという考え方(**ヒッグス機構**)を導入し、矛盾を解消したのだ。

ヒッグス場はエネルギーが高いときには対称性をもっているが、エネルギーが低くなると対称性が破れてしまうという性質をもっている。そして、ヒッグス場の対称性が破れたことが物質場に影響を与えてクォークやレプトンが質量をもつようになるという。このように話を聞いていると、なんだかつじつまあわせをしているだけのように感じてしまうが、緻密な計算をして検証した結果、この理論が成り立つことが検証されているうえ、ヒッグス機構を導入することで、力の統一も前進することになったのだ。

08 電磁気力と弱い力の統一

4つの力の中で最初に統一されたのは、電磁気力と弱い力だった。電磁気力を伝える光子と弱い力を伝えるウィークボソンに似ている点があったため、**スティーブン・ワインバーグ**、**アブドゥス・サラム**、**シェルドン・グラショウ**が、この2つの力を統一しようと研究を重ねていた。

だが、電磁気力を伝える光子は質量がゼロだったのに対し、弱い力を伝えるウィークボソンは重い粒子であると考えられていた。この質量の差を埋めることができなかったために、2つの力を統一する理論がつくれない日々が続いていた。

この事態を打開したのが、ヒッグス機構だった。ワインバーグ、サラムたちは対称性が破られる性質をもつヒッグス場を使えば、光子とウィークボソンの質量が違う理由を説明できると考えた。もともと電磁気力の場と弱い力の場は対称性を保っていて同じものだったが、ヒッグス場が作用することによって対称性が破られてしまう。その結果、電磁場と弱い力の場に分かれ、ウィークボソンは重い質量をもつようになったという理論をつくった。

このように電磁気力と弱い力を統一した理論は、**ワインバーグ–サラム理論**、または**電弱統一理論**と呼ばれる。この理論では、弱い力を伝える粒子として3種類の**ウィークボソン**の存在とそれぞれの質量が予言された。そして、1983年、**欧州原子核研究機構（CERN）**でウィークボソンが発見された。ウィークボソンの種類も質量も、ワインバーグ–サラム理論で予言されたとおりのものだった。この功績により、ワインバーグ、サラム、グラショウの3人には、1979年にノーベル物理学賞が贈られた。

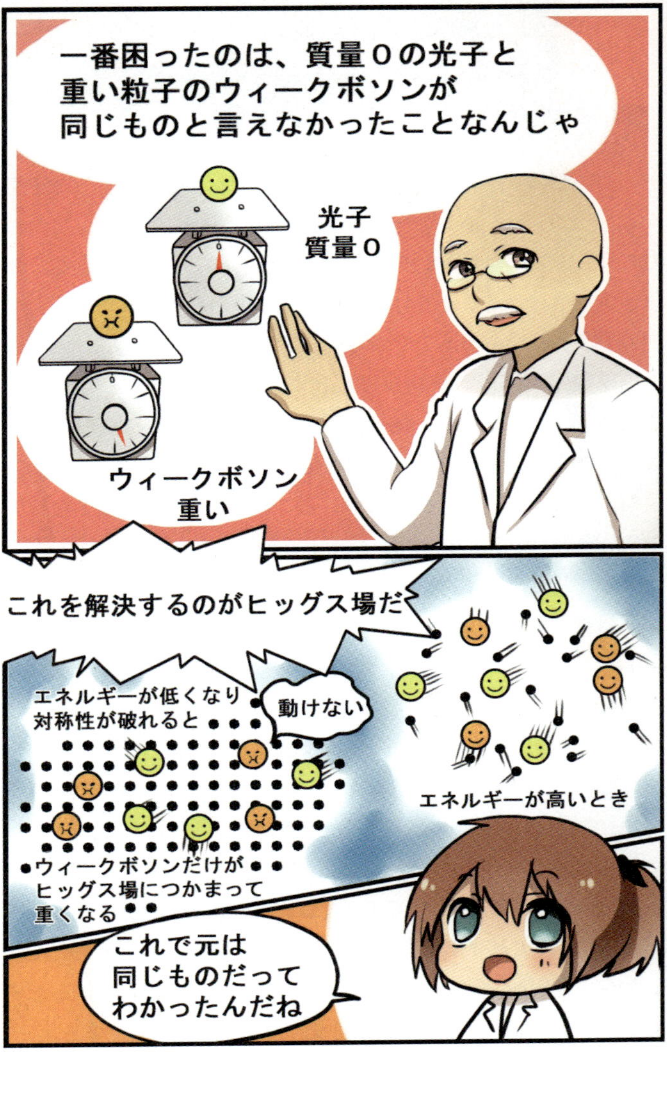

一番困ったのは、質量０の光子と
重い粒子のウィークボソンが
同じものと言えなかったことなんじゃ
光子
質量０
ウィークボソン
重い
これを解決するのがヒッグス場だ
エネルギーが高いとき
エネルギーが低くなり
対称性が破れると
動けない
ウィークボソンだけが
ヒッグス場につかまって
重くなる
これで元は
同じものだって
わかったんだね

09 標準模型の構築

電磁気力と弱い力を統一したあと、次に考えられたのが、この2つの力と強い力の統一だった。強い力もゲージ場によって記述することができ、量子色力学がつくられた。これによって、4つの力のうち3つまでは同じ枠組みで力を理解する土壌ができた。物理学者たちは、これまでわかってきた理論を組みあわせて、素粒子の**標準模型**というものをつくりあげていった。

標準模型では、力や物質は場によって表現される。力の場であるゲージ場は電磁場、弱い力の場、強い力の場の3種類ある。もっと細かく見ると、電磁場は1種類だけだが、弱い力の場は3種類、強い力の場は8種類に分けることができる。そして物質場は3世代6種類のクォークと、3世代6種類のレプトンに対応する12種類の場が知られている。さらにヒッグス場が1つある。

標準模型では、これらのいくつもの場が相互作用をすることによって、もともと1つだった力が徐々に枝分かれして、それぞれの力になっていき、同時にクォークやレプトンが質量をもつようになっていたというシナリオが描かれるようになった。

ただ、この標準模型は3つの力を完全に統一するものではない。電磁気力と弱い力が電弱統一理論で記述されることと、強い力が量子色力学で表現できることは示されているものの、3つの力を1つの理論にまとめるところまでは、まだ示せていない。どちらかというと、これまで構築してきた理論を集めてみると、こんなことがいえるというレベルにとどまっている。完全に力を統一するためには、標準模型を超える理論が必要なのだ。

標準模型が作られたよ
フェルミオン
ボソン
クォーク
レプトン
第三世代
t トップ
b ボトム
τ タウ
ντ タウニュートリノ
第二世代
c チャーム
s ストレンジ
μ ミューオン
νμ ミューニュートリノ
第一世代
u アップ
d ダウン
e 電子
νe 電子ニュートリノ
強い力
g グルーオン
電磁気力
γ 光子
弱い力
W+ W− Z
Wボソン Zボソン
H ヒッグス粒子
これが標準模型で考えられる粒子だ
へえ～

10 クォークが6種類あるという予言

標準模型では、クォークは3世代6種類あることが示されている。でも、なぜ2世代でも4世代でもなく3世代なのかは、明確な答えが示されていない。ただ、クォークが6種類あることが明らかになった陰には、**小林誠**と**益川敏英**の働きがある。

クォークは1960年代に発見された粒子で、最初はアップ、ダウン、ストレンジの3種類しか知られていなかったが、1970年代に入ると、確実な証拠はないが4つまではあるのではないかといわれ始めた。そのような雰囲気が大勢を占める1973年に、2人はクォークが6種類あることを予言する**小林―益川理論**を発表した。当時、クォークが6種類あるという考えは突拍子もなく、あまり受け入れられなかったが、その理論では未解決の謎の1つであった**CP対称性の破れ**があることをうまく説明できた。

現在、この宇宙で見られる星や銀河は物質でできている。私たちの体も物質だ。これはあたり前のように思うかもしれないが、宇宙の歴史から見ればあたり前ではない。宇宙の最初のころは、物質と同時に反物質もできていた。物質と反物質は同じ量だけ生まれていたはずなのに、現在の宇宙には物質しか残っていない。この謎を解くカギを握っているのが、CP対称性の破れだった。

この宇宙のCP対称性が破れていると、反物質が消えて、物質だけが残っていることに説明がつく。小林－益川理論では、クォークが6つ以上あるとCP対称性の破れを成り立たせることができるという結論が得られた。その後の実験により、小林－益川理論の予言どおりクォークは6種類見つかり、CP対称性の破れが実験で確認された。小林と益川は、2008年に南部とともにノーベル物理学賞を受賞した。

今ではクォークが6種類あるとわかっているけど…
昔はわかってなかったんだよ
それを明らかにしたのは日本人！
小林博士と益川博士なんだ！
1973年
クォークは6種類ある！！
益川博士
小林博士
そんな
4つあれば十分よ!!
えーっ
1977年
ボトムクォーク発見!!
5コ目
1994年
トップクォーク発見!!
6コ目
小林・益川理論が正しかったんだ

11 CP対称性とはなにか

CP対称性とはなんだろうか。物理学では対称性がたくさんでてくるので混乱してしまいそうだが、ここではCP対称性についてもう少し話をしていこう。

この宇宙に存在する物質は、2種類のクォークとレプトンである電子からできている。物質について対称性というときは、どこから見ても同じという意味あいをもっている。物質の世界では、C（Charge：電荷）、P（Parity：パリティ）、T（Time：時間）にそれぞれ対称性があるといわれている。Cとは粒子と反粒子を入れ替える対称性、Pはふつうの鏡で左右が反転するような鏡像変換の対称性を指している。

私たちは日常的に自分の姿を鏡に映している。鏡の中では左右が反対になっているが、鏡の前に立っている自分と中に映っている自分は同じものであるということがわかる。このように物質の対称性の世界では、鏡に映る像のように、ある性質だけが逆になっているがそれ以外はまったく同じ性質の粒子が登場する。

物質ができるときには同時にCが対称の反物質ができるというように、CP対称性がちゃんと成り立っていれば、ちゃんとCとPが逆になった粒子も誕生する。しかしある実験で、1000回に1回くらいの割合でCP対称性が成り立っていると登場しない粒子が発見されるようになった。これがCP対称性の破れである。電磁気力や強い力ではCP対称性が破られることはないが、弱い力の影響で破られることがあることがわかってきたのだ。

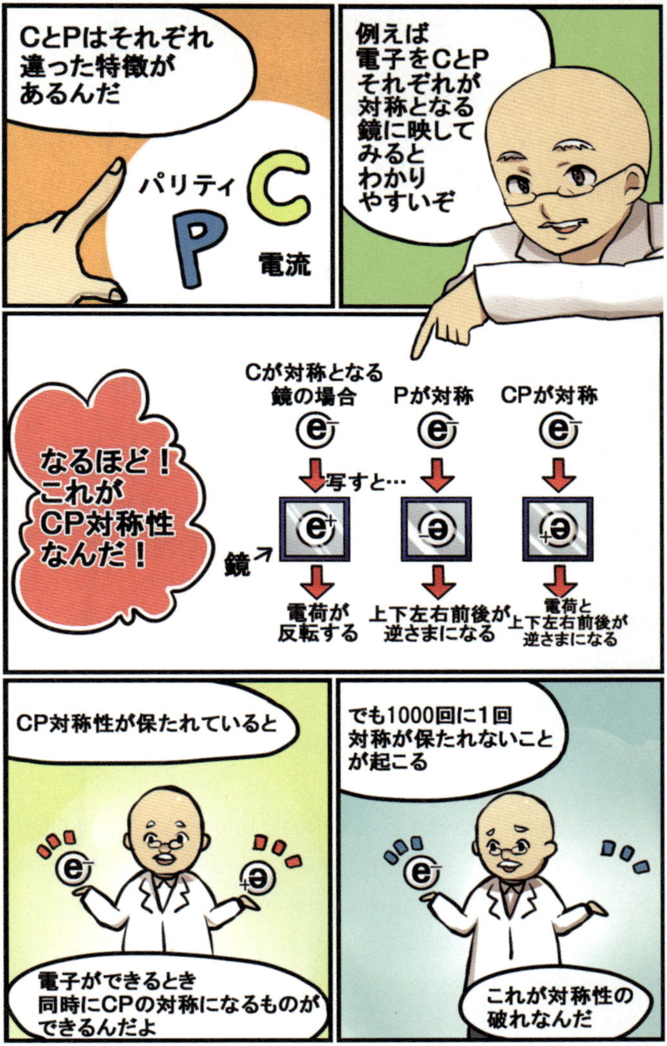
CとPはそれぞれ違った特徴があるんだ
パリティ
P
C
電流
例えば電子をCとPそれぞれが対称となる鏡に映してみるとわかりやすいぞ
なるほど！これがCP対称性なんだ！
Cが対称となる鏡の場合
Pが対称
CP が対称
写すと…
鏡
電荷が反転する
上下左右前後が逆さまになる
電荷と上下左右前後が逆さまになる
CP対称性が保たれていると
電子ができるとき同時にCPの対称になるものができるんだよ
でも1000回に1回対称が保たれないことが起こる
これが対称性の破れなんだ

12 謎の多い標準模型

標準模型はゲージ理論を使うことによって、電磁気力、弱い力、強い力の3つの力を同じ枠組みの中で理解することを可能にした。しかも、いろいろな実験をしてみても、この理論どおりの結果がでていた。いいことずくめのように見えるが、この理論はいろいろと謎が多かった。

まず、クォークとレプトンはなぜ3世代6種類あるのかがきちんと説明できない。また、それぞれの粒子の質量や電荷についても、その値になる理由がはっきりとしない。実験結果からそうなるとしかいえないのだ。

さらに、3つの力の大きさも実験結果によって数値はわかっているが、なぜその大きさになるのかが説明できない。このように標準模型では説明できない謎が多すぎるのだ。それに加えてこの模型では、自由に数値を決められるパラメータが18個もある。パラメータの数値は実験を通して決められることになるが、パラメータが決まる裏には、まだ知られていない理論があるはずなのだ。これらの謎の存在は、標準模型が未完成であることを物語っている。

そして1998年に、標準模型の根幹を揺るがす大きな事件が起きた。標準模型によると、3種類あるニュートリノはすべて質量がないことになっていた。しかし、日本の研究グループの研究によって、わずかであるが質量をもっていることが明らかになったのだ。理論と矛盾する結果が観測されたことによって、標準模型は再考を迫られることとなった。

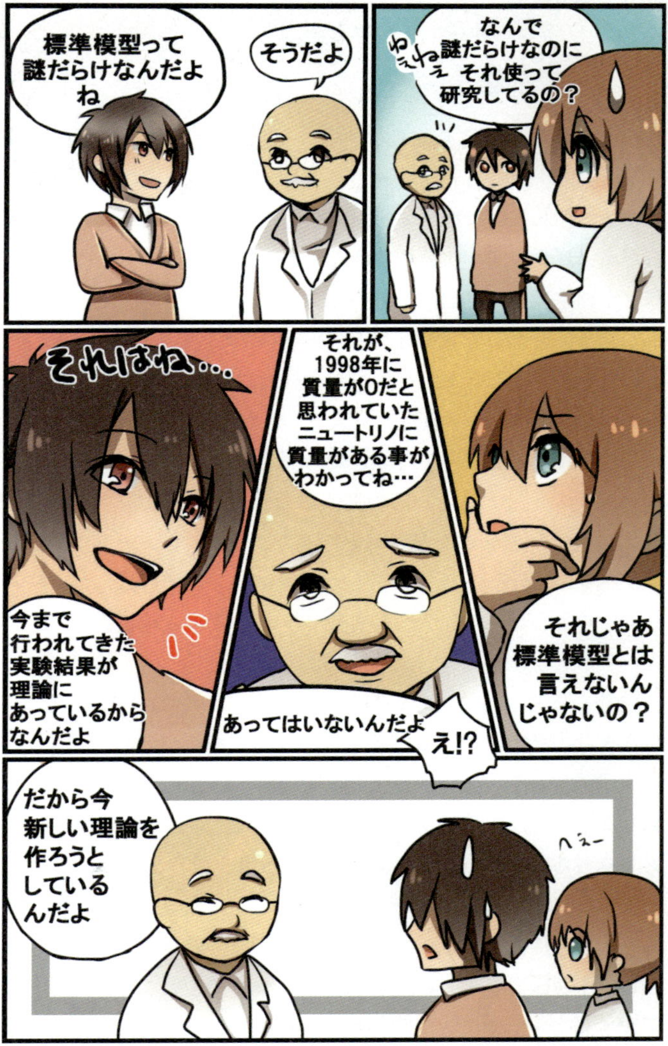
標準模型って謎だらけなんだよね
そうだよ
ねぇねぇ
なんで謎だらけなのにそれ使って研究してるの？
それはね…
今まで行われてきた実験結果が理論にあっているからなんだよ
それが、1998年に質量が0だと思われていたニュートリノに質量がある事がわかってね…
あってはいないんだよ
え!?
それじゃあ標準模型とは言えないんじゃないの？
だから今新しい理論を作ろうとしているんだよ
へぇー

13 30年間間違いのなかった理論

標準模型が支持されてきた理由は、とにかく、いろいろな実験結果が標準模型のいうとおりになっていたからだった。標準模型がほぼできあがり、物理学者の間に広まってきたのが1970年代からだ。それから30年間、たくさん行われた素粒子の実験は、ことごとく標準模型の予言どおりの結果を示してきた。

これまで行われた素粒子関係の実験結果を集めると、700ページにもなる本ができあがる。1998年までは、その本に記されているデータはすべて標準模型と一致していた。

その標準模型に待ったをかけたのが、1998年に発表された**ニュートリノの重さ**だった。この発表は世界を駆け巡り、『ニューヨークタイムズ』の1面を飾るほどだった。なぜ、ニュートリノに重さがあることがそんなに問題だったのだろうか。それは、ニュートリノに重さがないことが標準模型の根幹を支える前提となっていたからである。

素粒子は目には見えないが、この宇宙の中を飛び交っている。もちろん、私たちの周りにも、目には見えないがたくさんの素粒子が飛んでいる。この飛び方をよく見てみると、地球のように自転しながら飛んでいた。その素粒子の自転は右回りと左回りの両方見られるはずなのに、ニュートリノの場合は片方しか見ることができなかった。これはおかしいということで考えられたのが、ニュートリノは光速で動いているから、片方しか見ることができないという理論だった。素粒子の場合、少しでも重さがあると光速で動くことができないので、光速で動くニュートリノは重さがゼロでなければならなかったのだ。

ここに
載っている
全ての
実験結果は、
標準模型と
一致して
いるよ
へえ～
そうなんだ
…
おぉ――――――っ!!
だが、
ニュートリノに
重さが
あって、
大問題に
なった
んだよ
なぜそれが
大問題
だったの…？
?
標準模型では
ニュートリノに
重さが
あっては
いけない
んだ

第4章
標準模型を超えた世界

素粒子の標準模型はとてもすぐれた理論だが、素粒子の世界をすべて説明しているわけではない。素粒子の世界をさらに理解するには、標準模型を超えた理論をつくる必要がある。それはどんな理論なのだろうか。

01 ニュートリノの重さを発見したスーパーカミオカンデ

ニュートリノの重さを発見したのは、岐阜県の神岡鉱山につくられたスーパーカミオカンデだった。この装置は、1987年に超新星爆発で発生したニュートリノをとらえることに成功したカミオカンデの後継機である。貯水容量もカミオカンデの3000トンから5万トンへと約17倍も増え、観測精度を上げている。

標準模型では、ニュートリノには重さがないということになっていたが、本当にそうなのかと確かめる試みはこれまでも数多く行われていた。ニュートリノは超新星以外にも、太陽や大気、地球の内部など、いろいろなところで発生しているが、弱い力だけとしか反応しないので、とらえるのが難しかった。

スーパーカミオカンデの実験では、大気で発生したニュートリノを観測していたところ、北半球で発生した空からやってくるニュートリノと、南半球で発生して地下を突き抜けてくるニュートリノの量を比べたところ、地下からくるニュートリノのほうが量が少ないことがわかった。

ニュートリノは、地球の存在には影響を受けないはずである。それなら、地球があろうがなかろうが同じ量やってこないといけないはずなのに、なぜこのような違いが起きるのだろうか。この現象をもっとよく調べてみたところ、ニュートリノの種類が変化していたのだ。この実験では、3種類あるニュートリノのうちミューニュートリノを観測しようとしていた。

しかもこのニュートリノは、発生してからスーパーカミオカンデに飛んでくるまでの間に、タウニュートリノに変わってはミューニュートリノに戻るニュートリノ振動というものを繰り返していた。それで観測したときには、ちょうど半分くらいしかミューニュートリノが観測できなかったのだ。このニュートリノ振動の観測によって、ニュートリノに重さがあることがわかってきた。

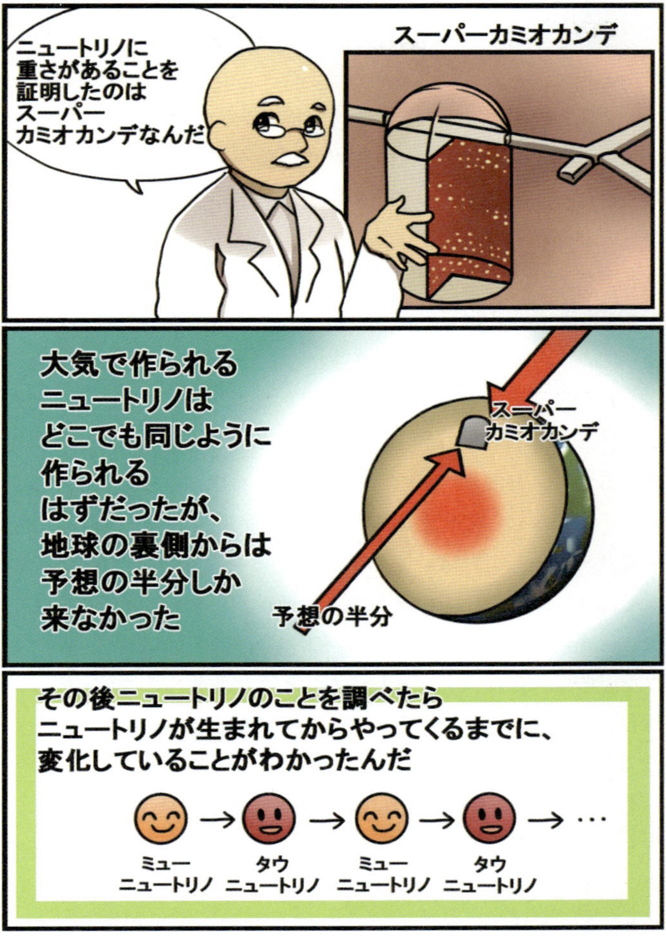
ニュートリノに
重さがあることを
証明したのは
スーパー
カミオカンデなんだ
スーパーカミオカンデ
大気で作られる
ニュートリノは
どこでも同じように
作られる
はずだったが、
地球の裏側からは
予想の半分しか
来なかった
スーパー
カミオカンデ
予想の半分
その後ニュートリノのことを調べたら
ニュートリノが生まれてからやってくるまでに、
変化していることがわかったんだ
ミュー
ニュートリノ
タウ
ニュートリノ
ミュー
ニュートリノ
タウ
ニュートリノ
…

02 ニュートリノの変化が重さを示すカギ

ここで問題になってくるのは、どうしてニュートリノ振動があることで、ニュートリノに重さがあることがわかるのかということである。ニュートリノに重さがないことを証明するには、ニュートリノが光速で動くことを証明すればよかった。

ここでアインシュタインの相対性理論を思いだしてみよう。相対性理論によると、この宇宙でいちばん速いのは光で、光より速いものは存在しない。これが**光速不変の法則**だ。

相対性理論のなかでは、光速に近くなればなるほど、その速さで飛んでいるものはほかのものよりも時間の進み方がゆっくりになっていく。そして、完全に光速になると時間を感じなくなる。ニュートリノが時間を感じないのであれば、ニュートリノ振動が起こることがおかしいということになる。たとえば、人が時間を感じるのは、お腹がへったり、体が大きくなったり、老化をしたりと、なにかしら変化があるからだ。自分自身やその周りでなにも変化が起きなければ時間の経過を知る術はない。

それはニュートリノも同じで、ニュートリノが時間を感じていなければミューニュートリノからタウニュートリノに変化することはないのだ。それでニュートリノの種類が変化するニュートリノ振動が観測されたことは、ニュートリノが光速よりも少し遅い速度で動いている証拠となる。

そしてニュートリノが光速で動いていないということは、ほんの少しでも重さをもっているという結論になるのだ。スーパーカミオカンデでの発見後、人工的につくったニュートリノを使った実験でもニュートリノが重さをもっていることが99.99％以上の確率で示された。30年間破られることのなかった標準理論は、このようにして倒されていった。

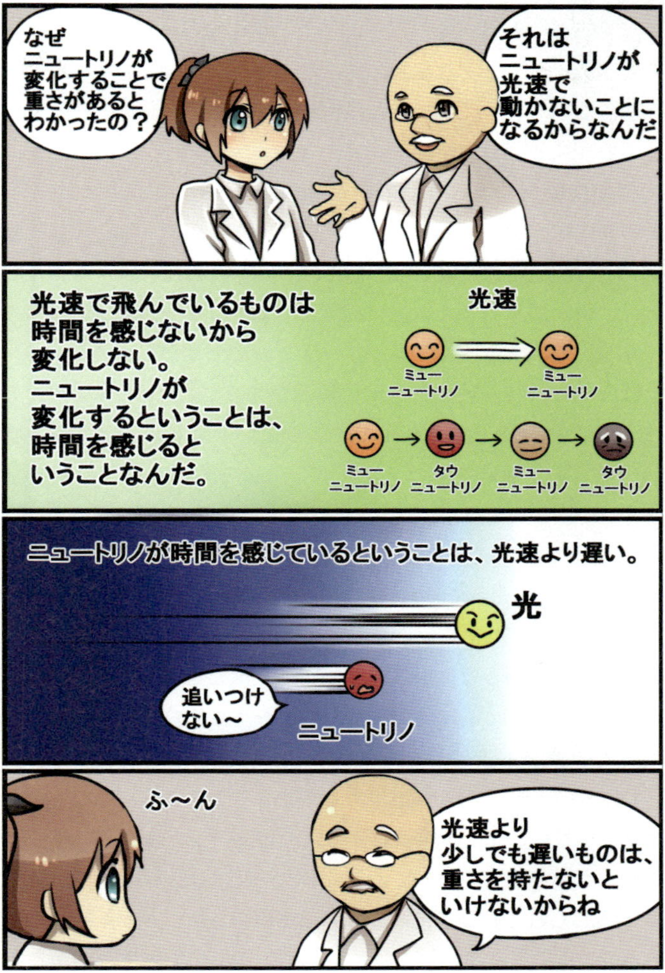
なぜ
ニュートリノが
変化することで
重さがあると
わかったの？
それは
ニュートリノが
光速で
動かないことに
なるからなんだ
光速で飛んでいるものは
時間を感じないから
変化しない。
ニュートリノが
変化するということは、
時間を感じると
いうことなんだ。
光速
ミュー
ニュートリノ
ミュー
ニュートリノ
ミュー
ニュートリノ
タウ
ニュートリノ
ミュー
ニュートリノ
タウ
ニュートリノ
ニュートリノが時間を感じているということは、光速より遅い。
光
追いつけ
ない〜
ニュートリノ
ふ〜ん
光速より
少しでも遅いものは、
重さを持たないと
いけないからね

03 陽子崩壊を見つけるためにつくられたカミオカンデ

標準理論は電磁気力、弱い力、強い力の3つの力を1つの枠組みで説明しようとする試みであった。だが、ニュートリノに重さがあることが示されたことで、標準理論を超える新しい理論をつくる必要に迫られている。

標準理論を超える理論の構築はすでにチャレンジされている。その1つが3つの力を統一した**大統一理論**である。電磁気力と弱い力を電弱力として統一したあとに、多くの物理学者が考えたことは、強い力も含めた大統一理論をつくることだった。

実は、超新星爆発のニュートリノを初めて観測したカミオカンデは、この大統一理論とも深い関係をもっている。カミオカンデ(KamiokaNDE)という名前は、神岡という地名のあとに陽子崩壊実験という意味をもつNuclear Decay Experimentの頭文字をくっつけてつけられたものだ。

カミオカンデのもともとの目的は、**陽子崩壊**という現象を見つけるためのものだった。大統一理論では、強い力で陽子や中性子などの中に閉じこめられるクォークと、強い力の影響を受けないレプトンの区別がなくなるので、クォークとレプトンがお互いに入れ替わる反応が起こるはずであると予言されている。

この予言が本当に起こるならば、標準理論で寿命が無限だといわれている陽子に、本当は寿命があることになる。ただし陽子はとても長生きをする粒子で、大統一理論でも寿命は10^{29}年ぐらいだと計算されていた。この寿命は恐ろしく長いもので、138億年と考えられている宇宙の年齢の1兆倍のさらに1億倍も長く生きることになる。こんなに長生きする陽子が死ぬ瞬間、つまり崩壊する瞬間をとらえようということが、カミオカンデの当初の目的であった。

04 観測できなかった陽子崩壊

カミオカンデは大きさ3000トンの水を貯めた巨大なタンクだ。水分子1個には10個の陽子が含まれているので、3000トンの水には10^{32}個の陽子が入っていることになる。カミオカンデがつくられた当時は、これだけの水を集めれば、1年間に100回程度の陽子崩壊が観察できるだろうと考えられていたのだ。

陽子の寿命は大統一理論による計算だと寿命は10^{29}年ぐらいになる。では、実際に10^{29}年観察をしないといけないかというと、そうではない。ミクロの量子力学の世界では、素粒子の寿命は確率で決まる。ということは、1個の陽子が10^{29}年後に崩壊する確率と、10^{29}個の陽子が1年後に崩壊する確率は同じになるので、たくさんの物質を用意して観察しようという発想が生まれる。

この地上でもっとも安く大量に用意できるものは水である。カミオカンデはそのような考えからつくられた実験装置だ。3000トンの水を用意すれば、1年間に数百回の陽子崩壊が観察できるはずであった。

しかし、カミオカンデが1983年7月に実験をスタートさせてから約2年間、陽子崩壊を観測することができなかった。この装置には5億円の税金をかけてつくられていたので、このまま研究成果がないということは許されなかった。そこで、研究対象を太陽ニュートリノの観測に変更して、装置を改造した。

この改造にかかった期間は1年半。1987年1月にカミオカンデはニュートリノ観測装置として実験を再開した。それから2カ月ほどの1987年2月23日に、大マゼラン星雲で超新星爆発が起きた。ニュートリノを観測できるように改造されていたカミオカンデは、この大イベントで無事にニュートリノをとらえることができたのだ。ちなみに陽子崩壊の観測は後継機のスーパーカミオカンデにも引き継がれたが、いまだに見つかっていない。その結果、陽子の寿命は当初の予想よりももっと長く、10^{34}〜10^{36}年ほどに修正された。

05 大統一理論の可能性

電磁気力、弱い力、強い力、この3つの力は統一できるのだろうか。そのヒントを与えてくれるのが、力の大きさを表す結合定数だ。私たちが日常的に感じることのできる世界は、素粒子にしてみるとエネルギーが低い。このような状態では結合定数はバラバラになってしまう。私たちが3つの力は別のものだと思う感覚と一致している。

では、エネルギーを上げていくとどうなるのだろうか。3つの力の結合定数の差はだんだんと狭まっていき、あるところで一致する。エネルギーが高い状態であれば、3つの力が統一された状態をつくりだすことができるかもしれない。その統一を目指した理論が**大統一理論**である。

ただし大統一理論が扱うのは、ふだん私たちが想像もできないくらいエネルギーが大きな世界だ。素粒子の世界では、エネルギーは**eV（電子ボルト）**で表現される。1eVは電子を1Vの電圧で加速させたときに電子がもらうエネルギーのことだ。

電子が原子の中にある状態や電池などで得られるエネルギーは1eV程度である。また、可視光線のエネルギーや化学反応を起こすエネルギーもこのくらいになる。その1000倍の1keVになると、蛍光灯の中のように真空放電したときのエネルギーや、X線のエネルギーになる。さらに1000倍すると、放射性物質が飛びだしてくるくらいの大きさの1MeVになり、それを1000倍すると1GeVになる。

3つの力の結合定数が同じになるのは1GeVより16桁も大きい10^{16}GeVである。この状態をどうやってつくりだすのかが問題だ。

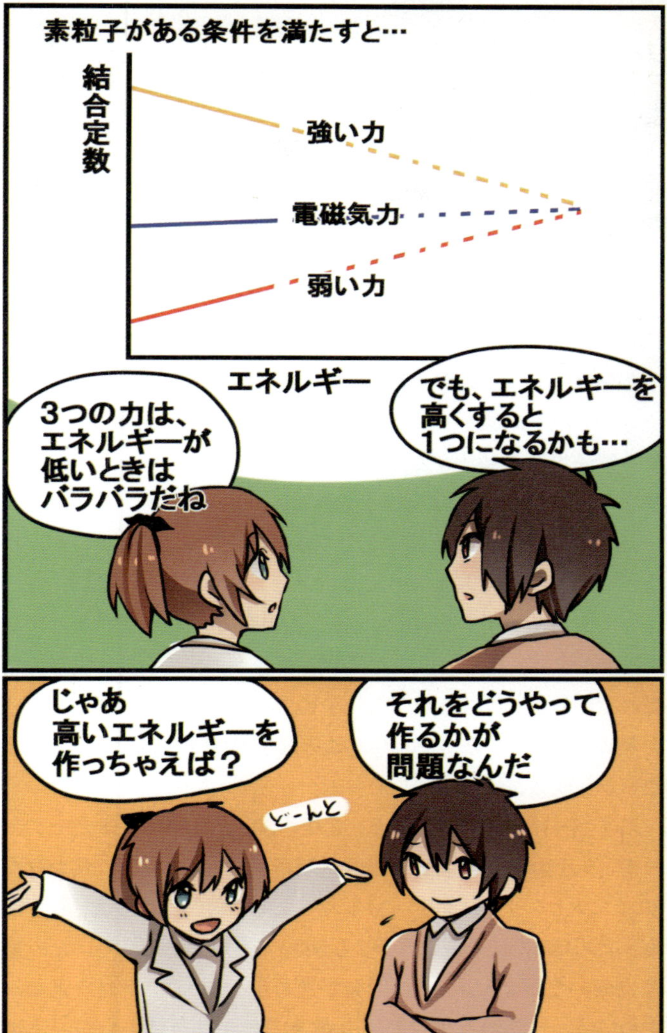
素粒子がある条件を満たすと…
結合定数
強い力
電磁気力
弱い力
エネルギー
3つの力は、エネルギーが低いときはバラバラだね
でも、エネルギーを高くすると1つになるかも…
じゃあ高いエネルギーを作っちゃえば？
どーんと
それをどうやって作るかが問題なんだ

06 大統一理論は実証できるか

大統一理論を実現するために必要なエネルギーは、人類がつくることができる加速器の100兆倍の量が必要だ。そのようなエネルギーを人工的につくるには、冥王星の公転軌道の10倍以上大きな加速器をつくらないと実現しないという。

この話だけを聞くと、地上で大統一理論を検証するのは不可能に思う人も多いだろう。だが、物理学者たちはなんとか検証しようと知恵を絞っている。その1つがカミオカンデやスーパーカミオカンデで陽子崩壊を見つけることだった。この実験ではいまのところ陽子崩壊を観測することはできないまでも、陽子の寿命が予想よりもはるかに長いことがわかった。

陽子崩壊を観測する試みとしては、スーパーカミオカンデよりも20倍大きな100万トンの水を貯めることのできる**ハイパーカミオカンデ計画**がもちあがっている。この装置は水の量を多くするだけでなく、反応を検出する装置の精度も上げていき、現在予想されている10^{35}年程度という陽子の寿命をきちんととらえるだけの精度をもっているので、今度こそ陽子崩壊が観測できるのではないかと期待されている。

ハイパーカミオカンデには、直径約50cmの20インチ光センサーが、9万9000本も使われる。スーパーカミオカンデで使われた20インチセンサーは1万1120本だったので約9倍の量だ。ほかにも8インチの光電子増倍管が2万5000本も使われる。そのため量産に向いた新型センサーの開発が進められている。計画を進めるためには、予算の確保など乗り越えるべき課題は多いが、実現すれば物理学が大きく発展することになるだろう。

結局、いまだに陽子崩壊は観測できていないんだ
ってことは、もう無理なの？
いや、もう新しい試みが計画されているんだよ！その名も――
ハイパーカミオカンデ計画!!
精度も大幅アップ！
大きさはスーパーカミオカンデの20倍！
ド
おお…
つ、強そう
問題は建設費が莫大なことなんだ
ひえええ～！
約732億円…日本も厳しい時だし…

07 大統一理論には超対称性が必要

大統一理論をなんとか検証しようという試みは加速器でも行われていた。舞台は、スイスのジュネーブ郊外に位置するCERNにつくられた巨大な**加速器（LEP）**である。LEPはスイスとフランス国境にまたがった地域の地下につくられた施設で、全長が27km、山手線1周と同じくらいの大きさがある。

LEPでは電子と電子の反物質である陽電子を、1つのトンネルの中で反対向きに十分加速させて、エネルギーを高くした状態で正面衝突させる。こうすることで、いままでつくることのできなかったZボソンとWボソンをつくることに成功した。

Zボソンをつくるために必要なエネルギーは100GeVほどだった。大統一理論が実現する10^{16}GeVにはゼロが14個も足りないが、それでも100GeVの領域での3つの力がどのくらいの値になるのかが、この実験からわかった。そこで、実験から得られた値をもとに、3つの力が統一できると予言される10^{16}GeVまでの値を算出してみると、3つの力がずれてしまい、3つの力を1つにまとめられないという結果になってしまった。

実は、この問題を解決するキーワードとなるのが**超対称性**だ。**超対称性理論**は超ひも理論の研究のなかから生まれてきた考え方で、物質をつくる粒子であるフェルミオンと、力を媒介する粒子であるボソンをひとまとめにするために必要なものだ。LEPの実験から大統一理論にも役に立つのではないかと考えられるようになった。実際にこの理論を大統一理論に取り入れてみると、大統一理論で考えられているとおり、10^{16}GeV付近で3つの力の値が一致するようになった。

大統一理論を検証する方法は他にもあるんだよ
そうなんですか
巨大な加速器で実験したんだけど…
結果は、3つの力がずれちゃうというものだった
結合定数
強い力
電磁気力
弱い力
エネルギー
じゃあ力は統一できないんですか!?
超対称性
そこで考えられたのが超対称性だ！
よく次々と考えるな〜…

08 フェルミオンとボソンをつなげる超対称性

超対称性理論とは、いままで考えてきたCPTの対称性をもう少し進めたもので、簡単にいってしまえば、フェルミオンとボソンをひとまとめにして考えることができる理論だ。超対称性理論によると、2種類の粒子はもともと同じもので、超対称性が破れているので、フェルミオンとボソンという2つの違うもののように見えているだけと考えることができる。

フェルミオンとボソンの間には、CPTの対称と同じように、超対称というものが働いており、この超対称が保たれた超対称空間ではフェルミオンとボソンはお互いに入れ替えることができるという。私たちは、この理論でいうような超対称空間を感じたり、フェルミオンとボソンが入れ替わることを体験することはできないが、もしこの理論が正しければ、現在知られているフェルミオンとボソンには、それぞれ超対称のパートナーになる**超対称性粒子**があるはずだといわれている。

これまでの実験では、この超対称性粒子は発見されていない。超対称性が成立しているならば、ふつうの粒子とパートナーになる超対称性粒子は同じ重さでないといけない。しかし、いままで発見されていないということは、私たちが住む世界では超対称性が大きく崩れているので、超対称性粒子の重さはとても重くなっていると考えられている。

現在、CERNでは**LHC**（**大型ハドロン衝突型加速器**）という加速器を使って、**アトラス実験**や**CMS実験**などが進められている。これらの実験の目的の1つには超対称性粒子の発見がある。実際に発見されれば、力の統一に弾みがつくことは間違いない。

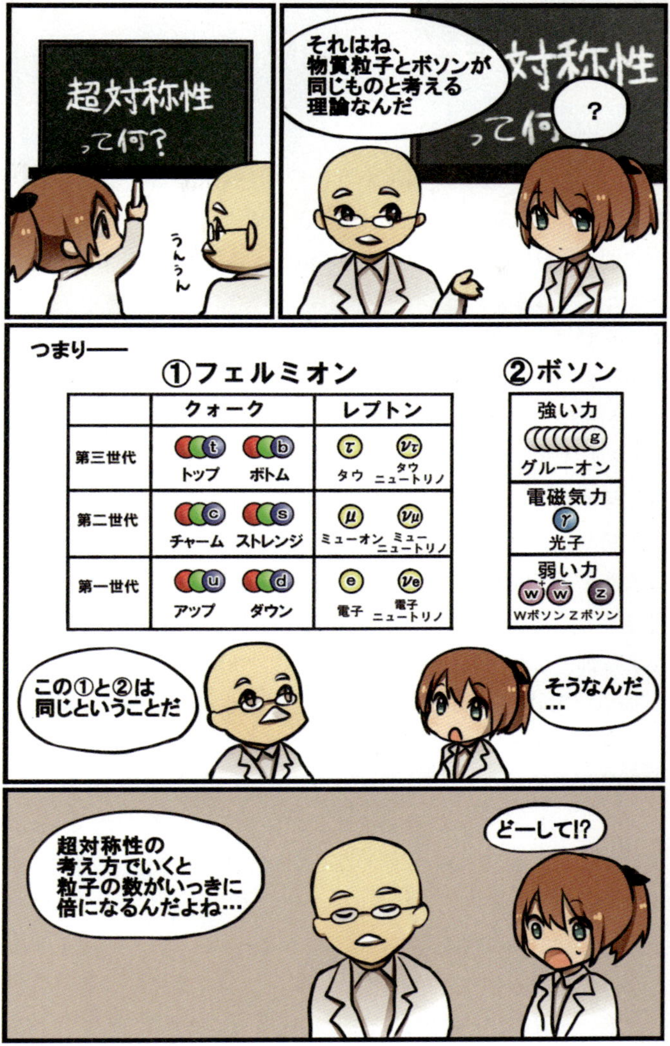
超対称性
って何？
うんうん
それはね、
物質粒子とボソンが
同じものと考える
理論なんだ
対称性
って何
?
つまり――
①フェルミオン
クォーク
レプトン
第三世代
t
トップ
b
ボトム
τ
タウ
ν_τ
タウニュートリノ
第二世代
c
チャーム
s
ストレンジ
μ
ミューオン
ν_μ
ミューニュートリノ
第一世代
u
アップ
d
ダウン
e
電子
ν_e
電子ニュートリノ
②ボソン
強い力
g
グルーオン
電磁気力
γ
光子
弱い力
W^+ W^-
Z
Wボソン
Zボソン
この①と②は
同じということだ
そうなんだ
…
超対称性の
考え方でいくと
粒子の数がいっきに
倍になるんだよね…
どーして!?

09 無限大がいっぱいの場の理論

これまでの力の統一の流れを見ていくと、それぞれの力をミクロの目で見て、量子力学の枠組みの中で説明することで共通点を見いだしてきた。この流れでいくと、重力も量子力学の観点から説明できれば、4つの力はすべて統一することができるのではないかと思えてくる。そのような視点から、たくさんの物理学者が重力を量子力学的に記述することにチャレンジしてきたが、なかなかうまくいかなかった。

力を量子力学の中で記述するには、**場**というものを考える必要がある。電磁気力の場合は、電磁場を考えることになるが、この電磁場で電子の重さを計算すると無限大になってしまうという大きな問題があった。

真空の中に1個の電子がポッンと置かれていたとしても、量子力学で考えると、電子1個だけがあるわけではないのだ。真空に見える部分にもエネルギーがある。そのエネルギーに細かくゆらぎがあるので、いくつもの電子と陽電子が対生成と対消滅を繰り返している。そのようなたくさんの粒子が存在する中に電子があると考えるのだ。

このようにたくさんの粒子を考えていくと、電子の重さが無限大になってしまう。それだけでなく、場の理論を使って電子の衝突実験の計算をしても、いろいろなところで無限大がでてきてしまい、実験結果を説明することができなかった。この問題を解決したのが、**朝永振一郎**、**リチャード・ファインマン**、**ジュリアン・シュヴィンガー**らで、それぞれ独立して導きだした**くりこみ理論**だったのだ。

何もないように見える場所でも
もし、
量子力学の世界が見える
メガネがあったなら――
たくさんの粒子が生まれたり消滅したりしている
おおーーっ
空間が粒子を作ることができる能力を「場」というんだよ
では、「場」で起きていることを全部考えたらすごく正確に計算できるのでは？
そうすると、無限大がたくさんできて計算できなくなっちゃうんだ
そっか～

10 無限大問題を解決した くりこみ理論

電子の重さは有限なのに、場の理論を使って計算すると無限大になってしまう。この謎を解決するために、朝永はまず、場の理論が相対性理論の要求を満たすように、理論形式を整理し直して、**超多時間理論**をつくった。

この超多時間理論を使って電磁場の中にある電子の計算をしてみると、場の理論を通すと電子の重さや電気の量は、もともと無限大を含んでいるという結論にいきついた。

朝永は、電磁場の中の電子は、無限大のおもりをつけているようなものだと考えて、無限大を引き、実験の測定値に置き換えることにした。これがくりこみ理論だ。くりこみ理論は、人間の都合のいいように計算結果をいじっているように感じる人も多いだろう。だが、くりこみ理論の操作をくわしく調べてみると、数学の理論としても理にかなった矛盾のないものだった。

そして1949年に実験と理論的な計算がずれていて大騒ぎになっていた問題を、**くりこみ理論**を使って解決してしまった。同じ時期に、アメリカのファインマンとシュヴィンガーも同じような理論を考え、実験にも成功した。3人はくりこみ理論の成功で1965年にノーベル物理学賞を与えられた。

場の理論の計算で無限大がでてくる問題は、電磁気力だけでなく、弱い力でも、強い力でも登場していた。1971年、弱い力や強い力でもくりこみができることをオランダの物理学者**ヘラールト・トフーフト**が証明した。こうして、電磁気力、弱い力、強い力の3つでは、場の理論で発生する無限大の問題を解決することができたのだ。

場の理論で
電子の重さを
計算すると
無限大に
なっちゃうんだ
？
電子の重さは
計ることが
できるのに
ヘンだなぁ
うんとこしょ
無限大
電子
いろいろ整理してみると
場の理論は
電子に無限大のおもりを
つけていることが
わかった
う〜ん
無限大
－
無限大
＝
軽ぃよ〜！
それって
都合よすぎ
では…？
だから無限大のおもりの分を
はじめから
引いておくことにしたのさ
そんなことはない
数学的にも矛盾がないんだよ
この理論を発見した
3人の博士は
ノーベル物理学賞を
もらったんだ
朝永博士
ファインマン博士
シュヴィンガー博士

11 くりこみができない重力

大統一理論はまだ完成していないものの、3つの力を統一する道筋は、ある程度見えてきた。そうなると、当然、重力も加えた4つの力を統一したくなる。だが、4つの力の統一はまだ成功していない。

思えば、最初に力の統一にチャレンジしたアインシュタインは、電磁気力と重力を統一しようとして失敗した。その時代から現在まで、**重力**とほかの力の統一はいまだに果たされていない。

大統一理論までの道のりを考えてみると、まずそれぞれの力を量子力学的に考えて場の理論で説明する必要がある。電磁気力、弱い力、強い力の場合はそれが成功したが、重力だけはそれがなかなかできない。

その理由は大きく分けて2つある。まず、ニュートン力学と量子力学の境界がとても小さい距離になっていることだ。電磁気力などでは、ニュートン力学と量子力学の境界は原子の大きさの0.1nm（100億分の1m）くらいである。ところが、重力の場合はそれよりも25桁も小さい。この大きさは、これ以上空間を細かく分けることのできない距離で、プランク距離（10^{-35}m）といわれるものだ。このくらいまで小さいスケールでないと重力の量子化が起きないので、計算がとても困難になる。

量子力学の世界では距離を極端に短くしていくと、エネルギーのゆらぎが大きくなってエネルギーや重さを特定することができなくなる。これは、2つの粒子がとても短い距離に近づいていくと、エネルギーが無限大になってしまうことを示している。

3つの力はここでくりこみ理論を使って、無限大にならないようにできたが、重力ではいまのところそれができない。くりこみができないということは、**重力は場の理論で扱うことができないこと**を意味する。

12 粒子の大きさは本当にゼロ?

ほかの3つの力と違い、重力を量子力学の枠組みで扱うのは少しやっかいなことだ。重力は4つの力のなかでいちばん小さいもので、電磁気力と比べると36桁も力が小さい。ところがプランク距離より小さい超ミクロの世界になると、エネルギーが不確定になっていき、無限大になってしまう。しかも、ほかの3つの力で成功したくりこみができないのだから困ったものだ。

重力だけがくりこみできない大きな理由は、重力を伝えるものが空間や時間そのものだからだ。自然界は階層構造になっていて、量子力学ではよりミクロな世界の法則ほど基本的なものだと考えられている。くりこみ理論は、ある階層で生じた無限大の問題をよりミクロな階層へと先送りしているようなものなのだ。

その先送りを可能にしているが、空間の中で長さがしっかりと測られているという前提だ。だが重力に量子力学の考え方をあてはめていくと、空間そのものがゆらいでしまうので、その前提が壊れてしまい、階層構造に変更を迫られることになる。

ミクロの世界でもなんとか無限大にならないようにすることができれば、重力も量子力学の枠組みで扱うことができ、4つの力の統一が大きく進むことになるが、いまだに成功していない。

ただ、この話には1つ大事な前提があった。これまでの物理学の大前提として、クォークや電子といった粒子は大きさがゼロの点として考えられていた。これまでは素粒子の大きさをゼロにして、ゼロの点、つまり素粒子の場所に現れる無限大の問題を見ないようにしていた。

だが、重力で直面したくりこみできないことによって、粒子の大きさがゼロであるという前提に疑問が生まれるようになった。

オレたち
4人で1つ
なのに
なぜ重力だけ
くりこみが
できないの？
う〜ん…
電磁気力
強い力
弱い力
それは
距離がしっかり
測れなくなっちゃう
からなんだ
声はすれど
姿は見えず…
重力
解説しよう！
重力に量子力学の
考えを当てはめていくと
距離が揺らぐから
階層構造が
揺らいでしまうんだ

13 重力を統一する切り札

実は、重力でくりこみ理論が使えない問題を解決する糸口は1930年代に示されていた。湯川秀樹が粒子は点のような状態だという考え方には限界がくるだろうと予想し、広がった素粒子像という考え方を提案した。

実際、湯川が考えていたように、大きさがゼロの点粒子では場の理論で考えたときに無限大がでてきてしまうということが起こった。この問題が最初に議論された電磁気力では、朝永振一郎らがくりこみ理論を発表したことで解決した。そして、強い力や弱い力でもくりこみ理論が使えたことから、湯川の提案した広がった粒子像はいつしか忘れ去られてしまった。

だが重力を含めて統一する段階になったら、粒子の大きさがゼロだとすると前に進めてなくなってしまう。そこでふたたび広がった粒子像が注目されるようになった。

この広がった素粒子像という発想から考えられたのが**ひも**である。素粒子の正体がひものようなものだったら、場の理論を使っても無限大が現れることがないので、無限大の問題を簡単に解決することができる。

しかも、大統一理論までの議論のなかから、3つの力を統一するには粒子は**超対称性**を備えている必要がでてきた。ということは、ひもも超対称性をもっている必要がある。このようにしてつくりだされたのが超ひも理論だ。超ひも理論は重力の無限大問題を解決するだけではない。元祖ひも理論のときにじゃまものだった質量0でスピン2のひもが重力子を示すひもとなって、無理なく理論の中に組みこむことができるのだ。

重力がくりこみ
できないのは
素粒子の大きさが
ゼロだから
なんだよ
素粒子に
大きさが
あればなぁ…
重力
電
強
弱
そこで
目をつけられたのが
ひもというわけさ
ひも??
電
強
弱
ひもと言っても、超対称性を
もった特殊なひも、
この「超ひも」を
使った理論が
超ひも理論なんだ
超ひも
理論
超ひも理論を
使えば
重力の無限大問題は
解決するんだよ
おおーっ!!

第5章
超ひも理論の登場

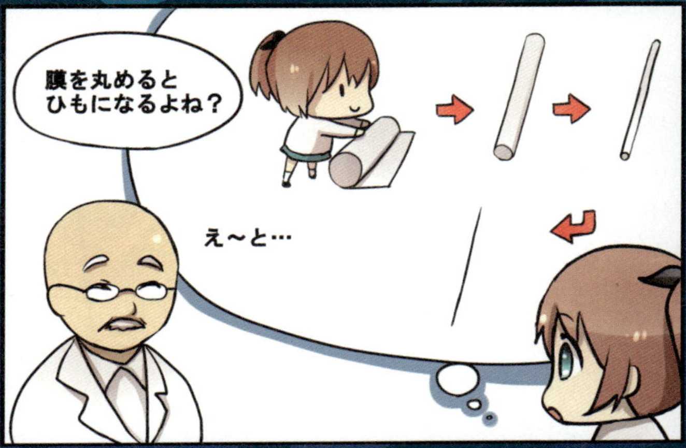

いよいよ超ひも理論までたどり着いた。超ひも理論の「ひも」とはなんなのか。超ひも理論によってこの世界はどのように変わるか。超ひも理論が求められた背景や発展の歴史を振り返る。

01 この世界の素は粒子ではなく、ひもだった？

超ひも理論に登場する**ひも**とはなんなのか。単純にいってしまえば、これまで点のような粒子だと思っていた素粒子が、ひものように長いものだと考える、いわば仮定の上でのひもだ。実際に、そういう形をしたものがあるかどうかはまだわからないが、そういう形をしているとして理論を考えてみようということだ。この考え方は、重力の無限大を解決するだけでなく、これまで理論を積み上げてきたなかで、**素粒子**が抱えるようになった大きな問題を解決する可能性も秘めている。

素粒子とは、物質を細かく分けていったときにこれ以上分けることのできない「**素**」の粒子という意味あいでつけられた名前だ。初期のころはトップクォーク、ダウンクォーク、電子など数種類しか知られていなかったが、研究が進むにつれて数が増えていき、現在は物質をつくるフェルミ粒子で12種類、力を伝達するボース粒子で12種類、質量のもとになるヒッグス粒子が1種類発見されている。また、まだ未発見だが理論上は、重力を伝達する**重力子**が1種類は存在すると考えられている。

ということは、素粒子は現在知られているものだけでも、最低でも26種類あるということになる。これだけでも「素」というには十分多い気もするが、理論が進むにつれて、さらにたくさんの種類の粒子を考える必要に迫られるようになった。

強い力の世界を記述する量子色力学では、クォークはカラー荷をもつと考えられ、6種類のクォークはR、G、Bのカラー荷まで考慮すると18種類になる。また、粒子に対してはペアとなる反粒子があるので、これも計算に入れると粒子の数は倍になる。大統一理論でできた超対称性のペアまで入れるとさらに倍と、素粒子といえるものが100種類ほどになってしまい、さすがにこの世界をつくる根源の「素」が粒子なのかあやしくなってきてしまった。だが、ここでひもの考え方を導入すると、世界の根源が数種類にまで集約される。私たちは、素粒子ならぬ「素」ひもの世界に住んでいるのかもしれないのだ。

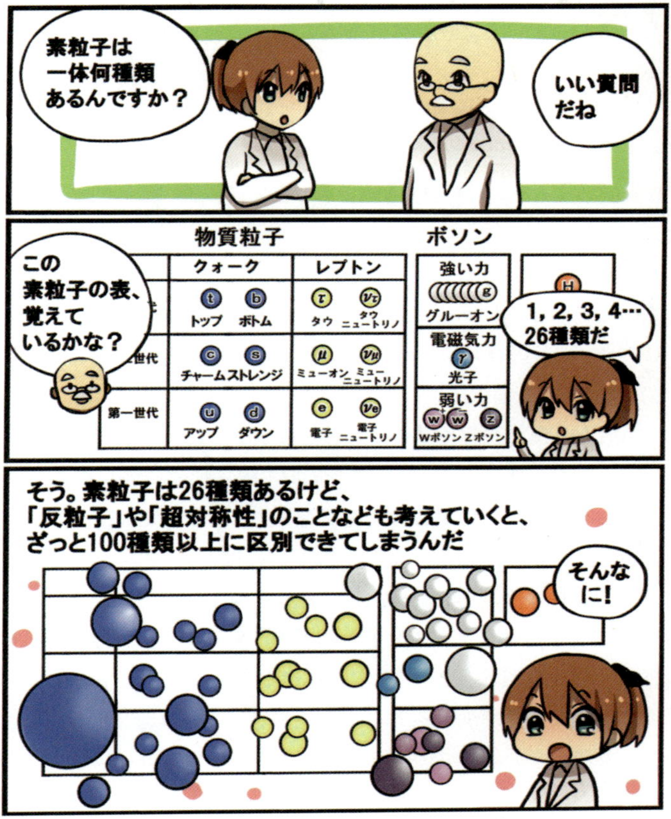
素粒子は一体何種類あるんですか？
いい質問だね
物質粒子
ボソン
この素粒子の表、覚えているかな？
クォーク
レプトン
t b
トップ　ボトム
τ ντ
タウ　タウニュートリノ
c s
チャームストレンジ
μ νμ
ミューオン　ミューニュートリノ
第一世代
u d
アップ　ダウン
e νe
電子　電子ニュートリノ
強い力
g
グルーオン
電磁気力
γ
光子
弱い力
W W Z
Wボソン Zボソン
H
1, 2, 3, 4…26種類だ
そう。素粒子は26種類あるけど、「反粒子」や「超対称性」のことなども考えていくと、ざっと100種類以上に区別できてしまうんだ
そんなに！

02 ひもですべての粒子が表現できる

それにしても、どうすれば点のような粒子をひもと考えることができるのだろうか。超ひも理論で考えているひもはとっても小さいもので、目に見えるようなものではない。どのくらい小さいかといえば、0.0000000000000000000000000000000000001m（10^{-35}m）と、小数点のあとに0が34個並んだあとに初めて1がくるほどの小ささだ。

このくらい小さなひもは、近くでじっくりと観察すればひものように見える。だが、激しく動くひもを遠目で見れば点のように見えるというわけだ。しかもこのひもは、振動によってたくさんのパターンがある。

このひもの振動エネルギーが小さいものは軽い粒子に、大きいものは重い粒子に対応することになるので、**開いたひも**と**閉じたひも**の2種類のひもで、物質をつくる**フェルミ粒子**をすべて表現できることになる。

もともと南部の提案したひも理論はボース粒子しか扱うことしかできなかったが、アメリカのフェルミ国立加速器研究所の**ピエール・ラモン**が、超対称性の考えを取り入れることによって、フェルミ粒子も扱えるようになった。この理論を**ジョン・シュワルツ**と**アンドレ・ヌブー**が補強して超ひも理論が誕生した。

重力子を含めたボース粒子と物質をつくるフェルミ粒子がひもですべて表現できるということは、超ひも理論がこれまで構築されてきた大統一理論の流れに重力を組みこんだ理論になりえることを意味している。

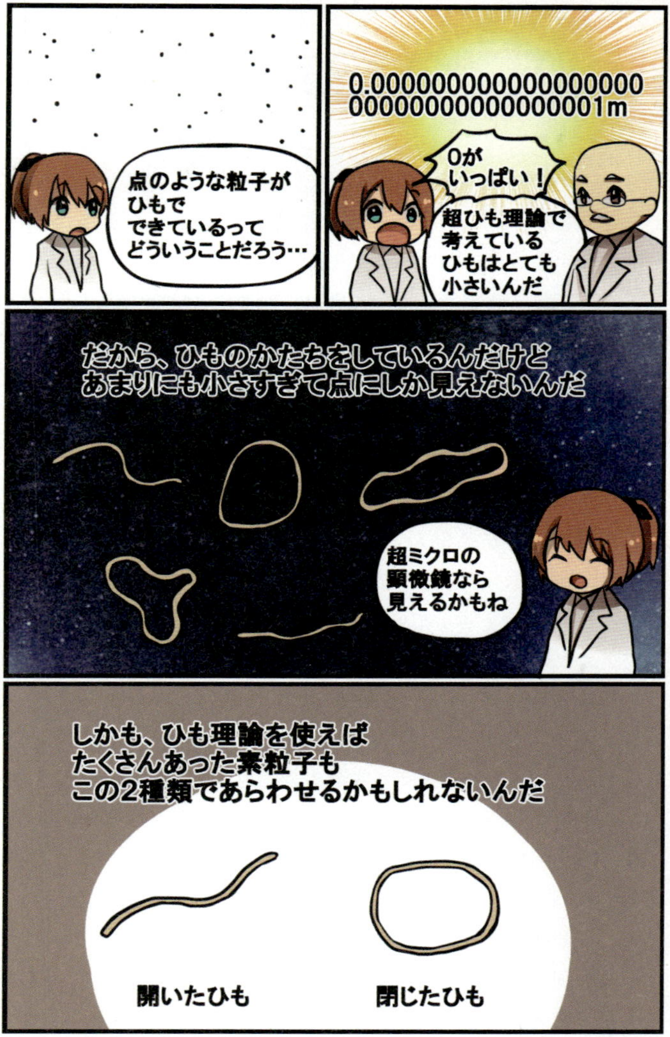
点のような粒子が
ひもで
できているって
どういうことだろう…
0.00000000000000000000
0000000000000000001m
0が
いっぱい！
超ひも理論で
考えている
ひもはとても
小さいんだ
だから、ひものかたちをしているんだけど
あまりにも小さすぎて点にしか見えないんだ
超ミクロの
顕微鏡なら
見えるかもね
しかも、ひも理論を使えば
たくさんあった素粒子も
この2種類であらわせるかもしれないんだ
開いたひも
閉じたひも

03 誕生直後の宇宙につながる超ひもの世界

超ひも理論では、すべてのフェルミ粒子もボース粒子もとても小さなひもからつくられている。ということは、この宇宙のもとは小さなひもということになる。実際、宇宙が誕生した直後はこの宇宙は微小なひもであふれ、自由に動き回っていたという。

このひもから物質や力がつくられ、時空もできてくるようになると考えられている。ただ、ひもといっても私たちが知っている**三次元空間**にあるひもとは、性質がまったく違う。

三次元空間に暮らす私たちは、空間や時間が連続して存在するように感じているが、空間も時間も細かく分けていくと、これ以上小さく分割することができない塊に行きつく。それが**プランク距離**と**プランク時間**だ。プランク距離は10^{-35}m、プランク時間は10^{-41}秒で、どちらの数字も人の感覚からすればとても小さい。日常生活を送っているぶんにはほとんど問題にならないものだが、ミクロの世界を突き詰めていったり、宇宙のはじまりについて考えていったりすると問題になってくる。

特に誕生したばかりの宇宙の世界はとても小さいもので、理論的にさかのぼれる限界点である誕生から10^{-41}秒後の宇宙は、プランク距離くらいの大きさ(10^{-35}m)だったと考えられている。生まれたばかりの宇宙は私たちの目では見ることができないほど小さなものだった。

少し不思議だが、理論的に考えるとこのような宇宙像に行きつく。だから超ひも理論の世界を知ることは、誕生したばかりの宇宙の世界を知ることにもつながっていく。この理論が完成すれば、宇宙誕生の様子がさらにくわしくわかるかもしれない。

超ひも理論が正しければ、誕生直後の宇宙はひもであふれていた
その頃の宇宙は目に見えないくらい小さかったから、素粒子がどんな形なのかはとても重要だったんだ
超ひも理論の世界を知ることは生まれた直後の宇宙を知ることになるんだよ
赤ちゃんの頃の宇宙だね

04 ばくだいな張力がかかっているひも

ここで1つ疑問がでてくる人もいるだろう。なぜ、とても小さなひもから、たくさんの粒子ができるのかと。超ひも理論でいうひもとは、ギターやバイオリンの弦のようなものだ。楽器に張られている弦は、はじくと振動して音を鳴らす。弦の長さが同じなら、激しく振動して、たくさん弦が震えれば音は高くなり、逆に振動がゆっくりになれば、低い音がでる。

超ひも理論のひもも同じような性質をもっていて、弦が振動するといろいろな音が鳴るように、ひもが振動するとたくさんの粒子が現れるというわけだ。たとえば重さがあるフェルミ粒子の場合は、激しく振動してエネルギーの高いひもが重い粒子になり、振動エネルギーの低いひもからは軽い粒子ができる。ボース粒子の場合も、振動のパターンによって、それぞれ光子、グルーオンなどに姿を変える。私たちが素粒子と呼んでいるものは、ひもが振動したときにでてくる音のようなもので、この宇宙は振動しているたくさんのひもたちの奏でる交響曲のようなものだということができる。

楽器の弦が音を奏でるためには、適切な力で弦を張る必要がある。粒子をつくるひもは、楽器の弦のように、どこかに固定されているわけではないが、ピンと引っぱられている。ひもを引っぱる力、つまり**張力**の大きさを計算すると、10^{39}トンというばくだいな力がかかっていることがわかった。楽器の弦とは比較にならないほど大きな力で引っぱられているのだ。

粒子の種類の違いはどうしてできるの？
その秘密はひもの振動にあるんだよ
ゆっくり
はやく
同じひもでもゆっくり動いているものと
速く動いているものでは違って見える。
そのことが粒子にも言えるんだ。
動き方によってこんなふうに違う粒子に見えるんだ

05 実はとっても重いひも

超ひも理論によると、たくさんの素粒子をつくっているひもは、10^{39}トンというとても大きな力で引っぱられていた。このばくだいな張力のおかげで、ひもは10^{-35}mととても小さく縮まっている。

さらに、ひものもっているエネルギーから、ひもの重さも計算できるようになる。このミクロの世界のひもは、ばくだいな張力でピンと引っぱられていて、しかも振動しているので、そのもっているエネルギーはばくだいなものになると考えられている。

このエネルギーからひもの重さを計算すると、最低でも陽子の10^{19}倍となる。これは2010年に小惑星探査機はやぶさが、小惑星イトカワからもち帰った微粒子1粒分くらいの重さだ。

私たちが感じている世界ではとっても小さな重さだと思うかもしれないが、ミクロの世界では考えられないほどの重さになってしまう。素粒子物理学の研究では、重い粒子をつくるにはたくさんのエネルギーが必要であり、せっかくつくっても寿命が短いことが知られている。これはひもにもあてはまる。素粒子のもとになっているひもが本当にあったとしても、ひもそのものの形を取りだそうとするのは、とても大きなエネルギーが必要で、私たちはひもそのものを直接的には見ることができない。

ところで、ここまでの話のなかで、なにか矛盾を感じないだろうか。超ひも理論では、この宇宙をつくるすべての素粒子はひもからつくられていることになっている。しかし、現在知られている素粒子は重さが0だったり、とても軽い。なぜ、とってもエネルギーが大きなひもからとても軽い素粒子がつくられるのだろうか。

その謎の答えは、量子力学の奇妙な特徴によって説明されている。不確定性原理によると、ミクロの世界ではすべてのものは完全に静止しておらず、常に細かく動いている。この量子的な細かい動きによって、ひもがもともともっているエネルギーを打ち消して素粒子として現れるときには、軽くなると考えられている。

06 ひもによって解決する無限大問題

ところで、なぜ超ひも理論では、**重力の無限大問題**が解決できるのだろうか。それは物質が粒子ではなく、ひもでできていると考えているからだ。これは答えになっていないとツッコミを入れたくなる人もいるかもしれないが、少しがまんして聞いてもらおう。

重力にかぎらず、4つの力はどれも、場の理論で考えていくと無限大が現れるという問題があった。これは、素粒子が体積ゼロの点であると考えていたからだ。

たとえば、2つの粒子がぶつかった場合を考えてみよう。点でできた粒子の場合は、ぶつかるときに2つの粒子が1つの点でピッタリと重なる瞬間ができる。実はこれが無限大をつくる原因になっていたものだ。2つの粒子が同じ点でピッタリと重なってしまうことで、力の働きを1点に集中させてしまい、無限大になってしまう。

ところが、いままで点だと思っていた素粒子が実はひもだとしたらどうだろう。2つの粒子はよく見るととても小さなひもだったので、ぶつかるときに1点に重なりあわなくても、力の相互作用を発揮することができて、力や重さなどが無限大になってしまうことを防いでくれる。

つまり、遠目で見ると点のように見えた粒子が、実はとっても小さくて、広がりのあるひもでできていたと考えるだけで、力が無限大になる問題を解決することができる。ただ、ひもは空間的な広がりをもっているので、無限大が解消する代わりに、2つのひもがぶつかる場所がぼやけてしまう。

超ひも理論は
重力の無限大問題を
解決するんだ！
なんで？
そ、それは
ひもだから…
素粒子がひもだと反応するときも
完全に重ならないから
重力無限大問題が解決するんだ！

07 10次元の世界を示す超ひも理論

アインシュタインの相対性理論によって、時間と空間は別のものではなく、同じものが違う形で現れているにすぎないことが明らかになった。そして、時間と空間はまとめて**時空**といわれるようになった。私たちがいる宇宙は、1次元の時間と3次元の空間が組みあわされている**4次元時空**の世界である。

私たちは、長い間、4次元時空の中に住んでいると思い続けてきたが、超ひも理論によるとそれはどうやら間違っているようだ。超ひも理論から計算していくと、この宇宙は**10次元**となる。

4次元だと思っていた宇宙が、いきなり10次元になっているといわれても、多くの人はポカンとしてしまうだろう。人間は3次元以上の空間をうまく想像することができない。だから、10次元といわれても、どんなものか想像することが難しい。

3次元空間は、縦、横、高さなど、自分のいる位置を3つの数字で表現できる空間のことをいう。地球上も3次元空間で、緯度と経度がわかれば、いま自分のいる位置を地図の上で印をつけることができる。さらにその建物がビルだったら、何階かをつけ足せば、より正確な位置を示せる。緯度、経度、階数、この3つの数字で表現できるので、地球上は3次元空間である。そしてもう1つの次元である時間を足すと、4つの数字で表現することができる。

もし宇宙が10次元だとしたら、時間の次元を引いて、空間が9次元になっている。このような空間を想像することはとても難しいが、3次元空間の例にならうと、9個の数字で表現される空間となる。想像するのが難しいものでも、数学を使えば、この空間の特徴やひものふるまいを知ることができるのだ。

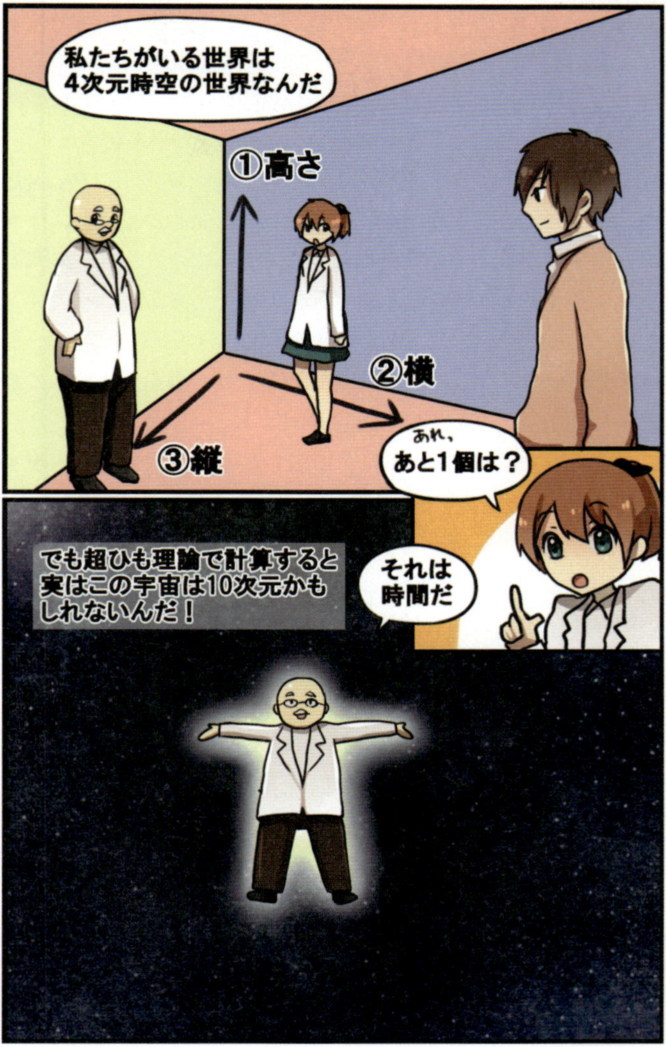
私たちがいる世界は
4次元時空の世界なんだ
①高さ
②横
③縦
あれ、
あと1個は？
それは
時間だ
でも超ひも理論で計算すると
実はこの宇宙は10次元かも
しれないんだ！

08 4次元以外の次元はどこに消えた?

実は、ひも理論には宇宙が10次元になるという理論のほかに、26次元になると予想する理論もある。この2つの理論の違いは、内部自由度があるかないかに現れる。26次元のひも理論には内部自由度がなく、ひもが26次元時空のどこにいるのかを26個の数字で表す。この理論は、超対称性の考え方を取り入れなくとも成り立っているので、「超ひも理論」ではなく「ひも理論」の一種であるといえる。超ひも理論よりは単純だが、理論が本質的に不安定なので、現実味が薄いと見られている。

一方、10次元のひも理論は、10個の数字で位置情報を表現するだけでなく、フェルミ粒子のように内部自由度の情報も盛りこめるようになっている。このフェルミ粒子的なひも理論は、超対称性の考え方を盛りこむことで矛盾のない理論になる。現在は、超対称性を取り入れた10次元の超ひも理論が、もっとも矛盾のない理論として受け入れられている。

私たちの住む宇宙が10次元だったとしても、私たちは10次元の時空を見たことがない。物理学者たちが10次元になっていると明らかにしなかったら、私たちは4次元時空の中で生きていると思い続けていただろう。なにしろ、私たちが感じることのできる次元は4次元しかないのだから。

この宇宙が10次元だとして、残りの6次元はどこに行ってしまったのだろうか。物理学者たちは、この問題にも取り組んでいて、残りの6次元は、私たちが感じることができないほど小さくたたみこまれていると考えられている。

10次元になることは
わかったけど…
そもそも次元ってなんなの？
次元ってうのは、
自由度のことなんだ
例えば、サーカスでピエロが
綱渡りしていたとしよう
ピエロにとっては1次元だけど…
でもそこにアリがいたらアリにとっては
2次元なんだよ

09 6次元は小さく折りたたまれている?

宇宙が10次元だとしたら、人間が感じることのできない6次元はどこに行ってしまったのか。この問題を解決するカギは、「大きさ」だと考えられている。

サーカスの演目としても人気の高い綱渡りは、2つの塔の間に結ばれた細いロープの上を人が歩くものだ。ロープなので、進むか戻るかの選択肢しかない。横に行くことは不可能だ。ロープの上を歩く人にとっては、その世界は1次元でしかない。

だが、もしそのロープの上に小さなアリがいたらどうだろう。アリは人と同じように前後に進むと同時に、ロープの円周に沿って表面をぐるりと回ることができる。つまり、アリにとってはロープの上の空間は2次元になる。体の大きな人間にとっては1次元にしか感じることができないロープでも、体の小さなアリから見れば2次元としてとらえることができるというわけだ。

10次元のうちの6次元は、これと同じように人間には感じることができないほど小さくなっているのではないかと考えられるようになった。このアイデアはたくさんの物理学者に受け入れられ、6次元を小さく丸めたり、折りたたんだりした理論がいくつも提案された。これらの理論は、確かに10次元から4次元の世界をつくりだすことができているが、現実世界や標準模型とは大きく離れてしまうものが多かった。

そのようななかで、現実の世界に近い4次元時空をつくりだせそうな折りたたみ方を提案したのが、アメリカの物理学者**エドワード・ウィッテン**たちだ。彼は**カラビ－ヤウ空間**というものを使い、6次元をコンパクトに折りたたみ、4次元時空をつくりだした。

しかも、つくりだされた4次元時空は、ちゃんと場の理論が働くようになっていて、標準模型を満たすような時空になっていた。これによって、4次元時空以外の次元は小さく折りたたまれているという考え方が主流になっている。

じゃあ…
残り6次元は
どこに行ったの？
それはとても
小さくなってるって
考えられているんだよ
サーカスの話を
思い出してごらん
ロープは人にとっては
1次元だったけど…
アリにとっては
2次元だっただろう？
そんな風に大きな人間には
感じられない程
小さくなっているって
ことなんだ
じゃあ
私がす――っごく
小さくなったら
10次元に感じるかな？

10 超ひも理論の5つのタイプ

超ひも理論は、素粒子が点ではなくひもでできているという理論だが、この理論を成り立たせるためには、ひも理論に超対称性を組みこむ必要があった。しかもこの超対称性の組みこみ方は、1つだけではなく5つもあった。このため超ひも理論には**5つのタイプ**がある。ただしこの5つは、おおまかな分類では**Ⅰ型**、**Ⅱ型**、**ヘテロティック型**の3種類になる。

どの方法でも、物質粒子とボソンを1つの枠組みにまとめることができるが、まとめ方をはじめ、いろいろな性質が違ってくる。それぞれのタイプの細かい特徴を話すととても難しくなってしまうので、ここではそれぞれのタイプでどのようなひもを使うのかを説明しよう。

最初はⅠ型。これは開いたひもと閉じたひもが両方存在するというものだ。実は、超ひも論のなかで開いたひもと閉じたひもが両方でているのはこのⅠ型で、ほかのタイプはすべて閉じたひもだけがでてくることになっている。

Ⅱ型は閉じたひもだけの理論だ。閉じたひもの場合、ひもの中を伝わる波が右向き（**Rセクター**）なのか、左向き（**Lセクター**）なのかの区別がつくので、Ⅱ型ではRセクターとLセクターのそれぞれに別々の対称性が働くことになっている。また、Ⅱ型は質量0の粒子の種類によって、ⅡA型とⅡB型の2つに分かれる。

ヘテロティック型は、閉じたひもだけしかでてこないという点ではⅡ型と同じだが、RセクターとLセクターではひもの種類が違い、それぞれ別の理論を使わないといけない。2つの理論を混ぜあわせるからヘテロティック型という名前になっているのだ。そしてこのタイプも、さらに2つに分けることができる。

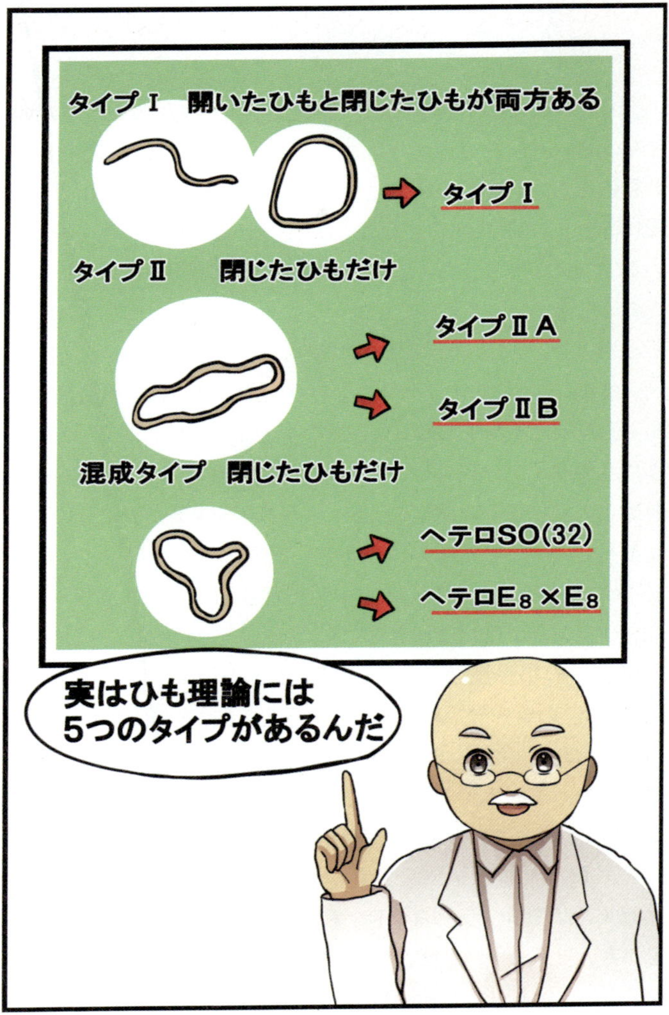
タイプⅠ　開いたひもと閉じたひもが両方ある
タイプⅠ
タイプⅡ　閉じたひもだけ
タイプⅡA
タイプⅡB
混成タイプ　閉じたひもだけ
ヘテロSO(32)
ヘテロ$E_8 \times E_8$
実はひも理論には
5つのタイプがあるんだ

11 ヘテロティック型の超ひも理論

ヘテロティック型の超ひも理論では、RセクターとLセクターでは異なる種類のひもの種類が違うという話をしたが、具体的にどんな違いがあるのだろうか。まず、Rセクターが現れるのは、超対称性をもつ10次元の超ひもだ。この超ひもからは重力子が生まれると考えられている。そしてLセクターは、超対称性をもたない26次元のひもである。このひもは26次元から10次元に折りたたまれ、ボソン、クォーク、電子、ニュートリノ、ヒッグス粒子などといった粒子ができるようになる。

つまり、ヘテロティック型の超ひも理論では、標準模型に登場する素粒子と重力子をとても自然な形でつくりだすことができる。また混成タイプの理論は、その中に含んでいるゲージ対称性の種類によってヘテロSO(32)型とヘテロ($E_8 \times E_8$)型に分かれている。

ヘテロ($E_8 \times E_8$)型は、アメリカの理論物理学者エドワード・ウィッテンらが最初に研究したもので、この研究から3次元空間の素粒子の標準模型を導く道筋ができた。つまりヘテロ($E_8 \times E_8$)型は、超ひも理論の歴史を語るうえでとても重要なものだ。

私たちからすれば、5つのなかからいちばんいい理論が選ばれればそれで万事解決すると考えてしまう。それは解決方法の1つではあるが、それでも、もう一段階掘り下げれば、そもそもなんで5つのタイプが登場したのだろうという疑問がでてくる。実際にウィッテンは、「5つの理論の1つが私たちの宇宙を記述するのだとしたら、ほかの4つの世界には誰が住んでいるのかね」と語っている。

5つの中で
どれが一番正しいの？
一番有力なのは
混成タイプだ
なぜなら混成タイプは全部の素粒子ができることが
自然に説明できるからね
混成タイプ
右向きの波
10次元の
超対称性のあるひも
重力子
左向きの波
26次元のひも
クォーク・電子・
ニュートリノなど
中でもヘテロの
$E_8 \times E_8$ タイプが
最有力なんだよ
ヘテロ…

12 5つのタイプの理論を1つにまとめたM理論

超ひも理論になぜ5つも違うタイプのものが現れたのだろうか。5つのタイプが別のものだと考えるとその謎は解けないが、5つがそれぞれ関連しているとしたらどうだろうか。そのような発想から生みだされた理論が**M理論**である。

物理学者たちは、**摂動論**という方法で方程式の計算を近似してきたので、5つのタイプがそれぞれ別のもののように見えていたが、実はこの5つのタイプは、1つの理論を別の角度から見たものではないかというのだ。

摂動論では、ひもの結合について正確に扱っているわけではない。それを正確に扱っていくと、別のものに見えていた5つのタイプにつながりがでてくるという。このアイデアを提案したのがエドワード・ウィッテンである。

このM理論は、11次元、つまり1次元の時間に加えて10次元の空間が必要になってくる。つまり、これまで考えられてきた超ひも理論よりも1つ次元が多いことになる。この追加された次元はどこからきたのだろうか。これには**ひもの結合定数**というものが関わってくる。

M理論では、ひもの結合定数が大きくなると新たな空間次元が現れてくるという。そして、ひもはその空間次元に引き伸ばされて**膜**（**メンブレーン**）の状態になるという。つまり、M理論ではひもの結合状態が小さい場合は、これまでの超ひも理論と同じように10次元で扱えるが、結合定数が大きくなると11次元になってしまうという。

この考え方はある意味で、摂動論の弱点をカバーしているともいえる。というのも、摂動論はひもの結合定数が1よりも小さいという前提に立っている。結合定数が大きな場合は扱えないからだ。その部分を11次元の理論を入れることで5つのタイプの理論を統一的に説明しようとしたのだ。

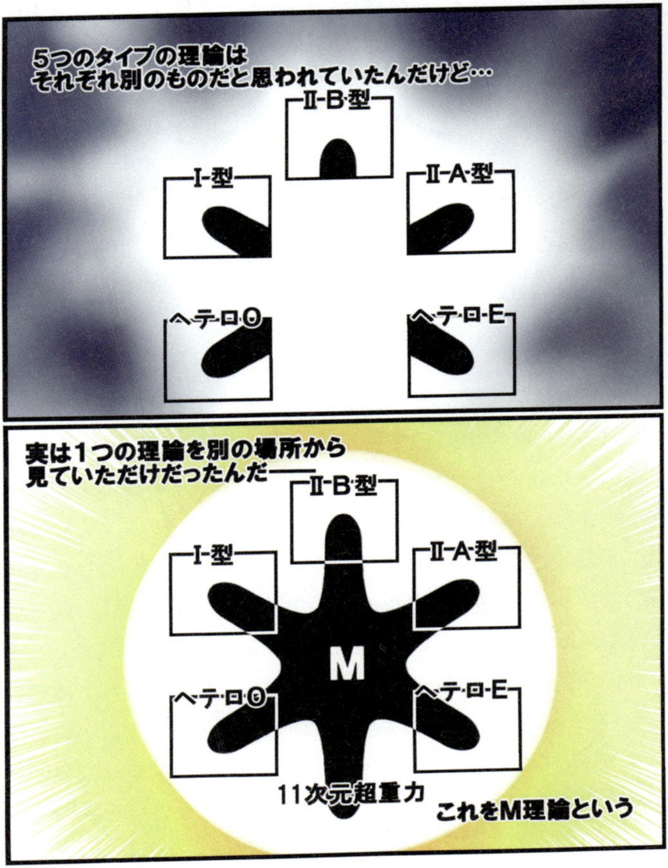
5つのタイプの理論は
それぞれ別のものだと思われていたんだけど…
Ⅱ-B型
Ⅰ-型
Ⅱ-A型
ヘテロO
ヘテロE
実は1つの理論を別の場所から
見ていただけだったんだ——
Ⅱ-B型
Ⅰ-型
Ⅱ-A型
M
ヘテロO
ヘテロE
11次元超重力
これをM理論という

13 Dブレーンの発見

Ｍ理論のＭはなにを表しているのか。それを知る人は、実は誰もいない。このＭ理論と名づけたウィッテンが正確な意味を明らかにしていないからだ。Ｍ理論は次元を11次元にすることで、ひもからメンブレーン（膜）ができるという考えを示したことから、メンブレーンのＭではないかといわれているが、当のウィッテンは論文の中でマジック、ミステリー、ミラクル、マザーなどの言葉も並べ、「このなかからお好きな解釈をしてください」と書いている。

実は超ひも理論では、膜が重要な役割を示すことがだんだんとわかってきた。そのきっかけをつくったのがアメリカにいたジョセフ・ポルチンスキーだ。1989年、彼はジン・ダイ、ロブ・リーとともに、超ひも理論の方程式からＤブレーンという膜がつくりだされることを数学的に発見した。

このDブレーンは、開いたひもと密接に関係しているものだった。閉じたひもはリングのようになっているのに対して、開いたひもには、両端にどこにも接していない部分ができる。開いたひもの両端はなにもないわけではなかった。ポルチンスキーたちは、開いたひもの両端はかならずＤブレーン上にあることを見いだした。

1本のひもの両端は、かならずしも同じＤブレーンの上になくてもいい。開いたひもが2つのＤブレーンをつなげてもいいことになっている。ポルチンスキーたちは、Ｄブレーンに貼りついた開いたひもを使うことで、ブレーンのさまざまな性質を説明できるのではないかと考えたのだ。ただＤブレーンをつくることができるといっても、物理学者はそれをどう使っていいかわからず、最初のうちはDブレーンを無視していた。

実は超ひも理論は
あるものを発見して
大きく変わったんだ！
え、
何を発見したの？
その名も…
Dブレーン!!

14 Dブレーンは閉じたひもの塊

Dブレーンは超対称性をもった特殊な膜である。なぜ超ひも理論のなかに膜がでてくるのだろうか。実は、このDブレーンは閉じたひもがびっしり詰まった状態なのだという。このDブレーンはひもが密集することでソリトンという状態をつくり、安定したエネルギーの塊になる。閉じたひもがDブレーンに近づくと、ひもが開いて、その端がDブレーンにくっつくようになる。

Dブレーンは膜のようなものではあるが、ふつうの膜と違う点もある。膜というと、私たちは平面、つまり2次元に広がったものをイメージするが、Dブレーンの場合はたくさんの次元に広がることができる。0次元に広がった点のような0ブレーン、1次元にひものように広がった1ブレーン、平面的に広がった2ブレーンというふうに広がっていき、9ブレーンまで10種類のブレーンが考えられている。それぞれのブレーンには、空間次元の広がりに加えて1次元の時間が流れるようになっている。

Dブレーンが大きく転換したのは1995年のこと。ポルチンスキーが、Dブレーンには有限の張力があり、動いたり、揺れたり、力に反応したりすることができることを示したからだ。トランポリンに人が乗って跳ねると、面が押しこまれたり、跳ねたりするようになんらかの力を受けると、ブレーンも同じようにゆがんで周りの物体や重力場を押すことができる。

またDブレーンの存在を考えることで、なぜ私たちの認識できる空間が3次元だけなのかということもわかるかもしれない。超ひも理論では10次元時空のうち、残りの6次元がどこかにあるのかが謎のままになっているが、それは私たちの4次元時空が3つの空間次元と1つの時間次元をもつブレーンの中にあるからと考えることもできるのだ。

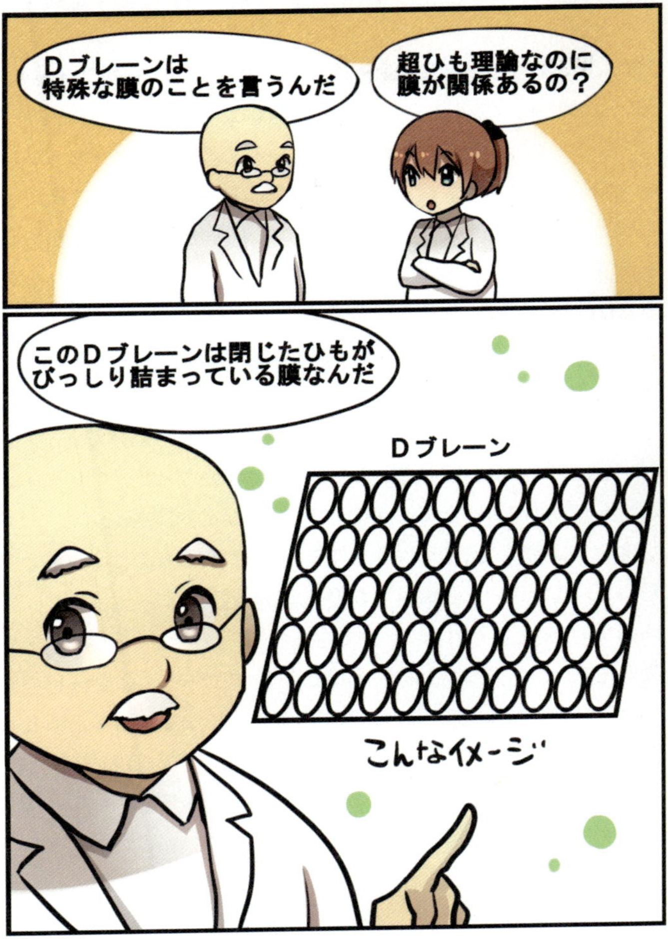

15 M理論とDブレーン

また1995年にはもう1つ、重要なことが起きた。ブレーンにはDブレーンのほかに、**pブレーン**というものが考えられていたのだが、この2つのブレーンが同じものであることが示されたのだ。

といっても、なんのことかわからないと思うので、まずはpブレーンの話からしよう。pブレーンは、アインシュタインの方程式から導きだされたもので、ひものように粒子を生みだす能力があると考えられていた。膜のようなpブレーンから粒子が生まれるからくりは、pブレーンのコンパクト化にあった。

pブレーンを非常に硬く巻いていくと、空間をとてもコンパクトに巻くことができる。そうすればブレーン自身もとっても小さくすることができ、そこから粒子が生まれるというわけだ。pブレーンとDブレーンが同じであることが示されたことで、ブレーンは超ひも理論のなかでとても大切な考え方になっていった。

実は、M理論で5つのタイプの理論を1つにまとめることができたのも、Dブレーンと大きく関係している。Dブレーンは同じ空間の中に何枚も入れることができるので、Dブレーンをたくさん入れることで、それぞれのタイプで登場する真空状態をほかのタイプの真空状態に変えることができるようになる。たとえばⅡB型の真空状態にDブレーンを何枚か入れることで、I型で登場する真空状態にすることができる。このような感じで、それぞれのタイプの理論を変換することができるようになったのだ。

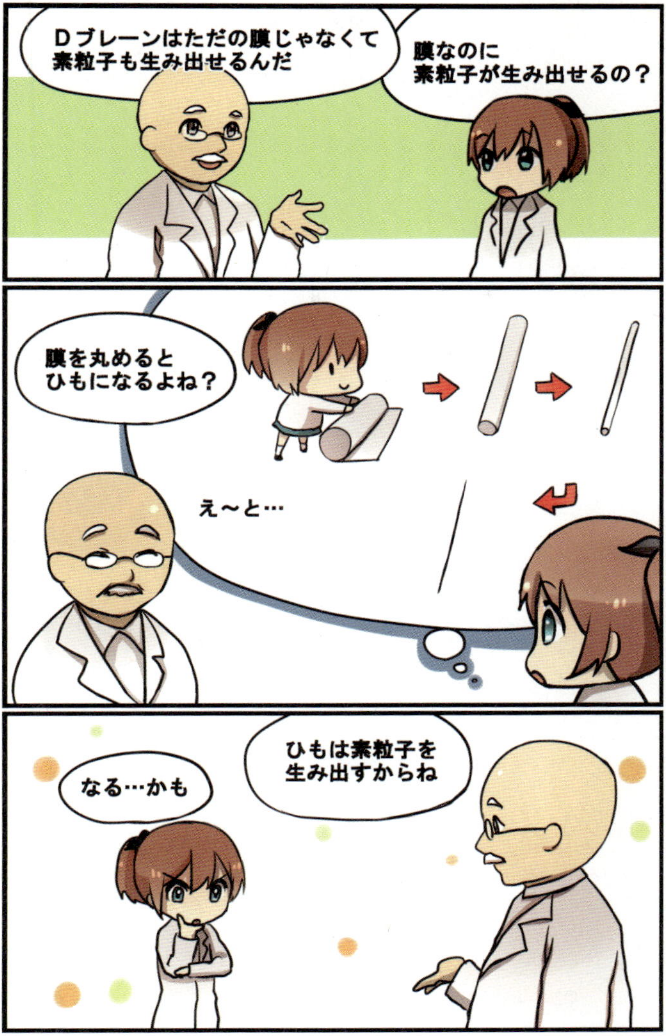
Dブレーンはただの膜じゃなくて
素粒子も生み出せるんだ
膜なのに
素粒子が生み出せるの？
膜を丸めると
ひもになるよね？
え～と…
ひもは素粒子を
生み出すからね
なる…かも

第６章
超ひも理論が解き明かす宇宙の謎

観測装置が進歩すれば超ひも理論の証拠も捉えられるかもしれないんだよ

超ひも理論は素粒子よりも小さな世界のことを扱うが、同時に宇宙の謎を解き明かすことができると期待されている。果たして超ひも理論は、とても大きな宇宙とどのように関係しているのだろうか。

01 私たちはブレーンの中にいる?

Dブレーンの発見は、この宇宙の謎を解く重要なヒントを与えてくれる。超ひも理論ではこの宇宙は10次元時空でできているはずなのに、私たちは4次元時空しか感じることができない。なぜ、残りの6次元を感じることができないのだろうか。Dブレーンを使って、その謎に迫ったのが**ブレーンワールド仮説**だ。

ブレーンワールド仮説では、私たちが住んでいるこの宇宙空間は4次元時空のブレーンの中にあるという。つまり、私たちはこの宇宙をすっぽりとおおってしまうくらい巨大なブレーンの中にいる。このブレーンの外側には高次元の世界が広がっているのだが、私たちは4次元時空のブレーンの中に閉じこめられているので、ブレーンの外側を見ることができないというのだ。

このブレーンワールド仮説のいいところは、4つの力のうちで重力がなぜ極端に弱いのかが説明できる点にある。クォークなどの物質をつくる素粒子や光子などの素粒子は、開いたひもでできているので、4次元時空のブレーンから離れることができない。だから、ブレーンの外に高次元の世界が広がっていることに気がつくことはない。

しかし、重力を伝える重力子だけはブレーンの外にでることができるという。なぜなら、重力を伝えるのは閉じたひもだから。閉じたひもはブレーンを離れても存在することができるが、開いたひもは両端がブレーンに接していないと存在することができない。その差が重力子とそれ以外の素粒子の違いを生むことになるという。

私たちが４次元しか感じられないのはなんでなんだろうね？
それを説明するいいアイデアがあるんだ
それはブレーンワールド仮説だ
この宇宙は４次元時空の中にあるって考えるんだ

02 宇宙はたくさんある？

ブレーンワールド仮説が本当だとすると、この宇宙のイメージはもっと変わってくる。私たちがよく知っている4次元時空の宇宙が大きなブレーンに閉じこめられた世界かもしれないということも驚きだが、この仮説にもとづいて考えると、別の宇宙が存在しているかもしれないのだ。

ブレーンワールド仮説は、4次元時空のブレーンが高次元の世界の中に存在しているというものだった。ここで、私たちの住む宇宙はブレーンの中に存在することになるが、そのブレーンは1枚だけとはかぎらない。何枚あってもいいのだ。ということは、私たちが住む宇宙をつくっているブレーンのほかに、ほかの宇宙をつくるブレーンがあるかもしれない。

私たちはほかのブレーンにある宇宙を直接見ることはできない。その宇宙では、私たちの宇宙とよく似た物理法則が働いているかもしれないし、もしかしたら、まったく違う素粒子が動いている世界かもしれない。ブレーンワールド仮説では、存在するブレーンの数だけ宇宙があるので、4次元時空の宇宙がサンドイッチのように何層も重なっているというアイデアも考えられている。それぞれのブレーンに存在する粒子や力はブレーンの外にでることができないので、実際にブレーンがたくさんあったとしても、お互いにほかのブレーンの宇宙のことを知るすべはない。

しかし、1つだけ、ブレーン間を行き来できるものがあると考えられている。それが重力だ。ブレーンワールドでの重力の働きを考えていくと、重力がほかの3つの力と比べてとても小さいことも説明できるようになるという。

もしブレーンワールド仮説が
本当なら、
たくさんのブレーンがあって
この宇宙以外の宇宙が
あるかもしれないんだよ

03 重力が弱いのは、高次元の世界に漏れているから?

重力を伝える重力子は、超ひも理論では閉じたひもで表現することができる。閉じたひもはブレーンを離れて存在することができるので、ブレーンとブレーンの間も伝わると考えられている。重なりあっている2つのブレーンワールドがあるとして、1つのブレーンでとても大きな重力が発生すれば、もう1つのブレーンにも重力が伝わって影響がでるはずである。

この話は重力について、いくつもの重要な考え方を与えてくれる。その1つとして挙げられているのが、重力は4次元時空以外の高次元に伝わっていく可能性をもっているということだ。そして、一部の物理学者の間では、重力がほかの3つの力と比べて極端に弱いのは、高次元に伝わっていくことと関係があるのではないかといわれている。つまり、高次元の空間に漏れるので、私たちの4次元時空では重力が弱くなっているというのだ。

この高次元空間に重力がもれてしまうという説は、物理学者の頭の中で考えられたものだ。このままだと正しいかどうかなんともいえないが、実際にそのようなことが起こっているかを確かめる実験が行われている。

ヒッグス粒子を発見したことで有名なCERNのLHCでは、重力が高次元の世界に漏れでるかどうかということも調べている。LHCは陽子を光速にかぎりなく近いスピードまで加速させる装置だ。そして、そこまで加速させた陽子同士を正面衝突させることで、とても大きなエネルギーを生みだしている。このとき高次元の世界に重力が漏れているのであれば、衝突の前後でエネルギー収支があわないというヘンな現象が起こる。そのような現象を観測することができれば、重力が高次元の世界に漏れているという仮説が証明でき、この宇宙には私たちが感知できる4次元時空以外の次元があることが証明される。その証拠をつかむために、研究者は実験を重ねている。

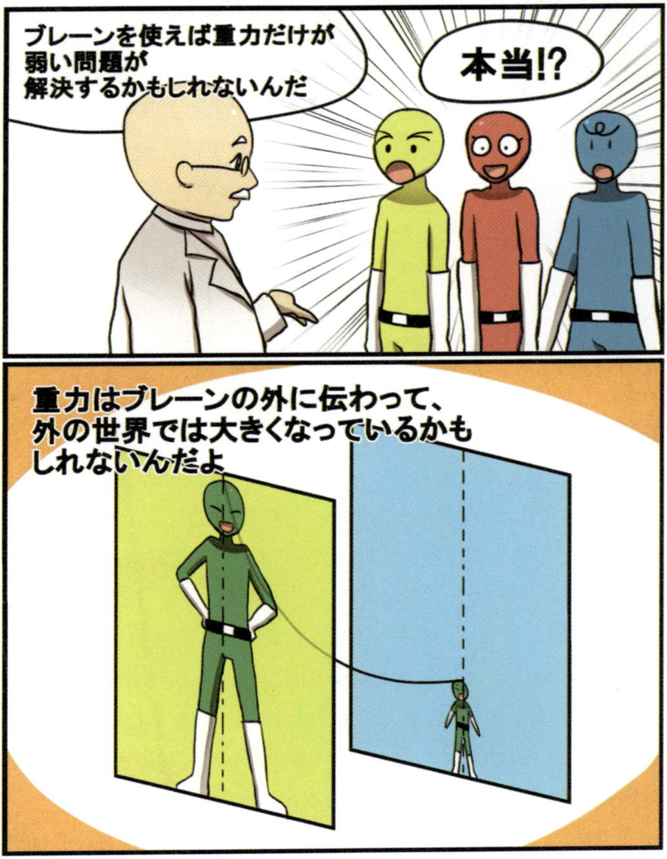

04 6次元空間の計算を可能にしたトポロジー

超ひも理論にかぎらず、私たちの日常生活とかけ離れた物理現象を厳密に表現しようとするには、数学の力が必要になってくる。しかも新しい物理現象を表現するには、新しい数学が必要になる場合も多い。たとえば微分積分はニュートン力学を整理するときにニュートン自身がつくったものだし、アインシュタインは一般相対性理論をつくるために、当時の最新の数学だったリーマン幾何学を学んでいる。

超ひも理論のなかでもたくさんの数学が活用されている。最近では**トポロジー（位相幾何学）**という数学の手法を使うことで、6次元空間の中から3次元の素粒子の性質を厳密に導きだす糸口が見つかっている。トポロジーというのは、やわらかい幾何学というふうにいわれているもので、連続的に変化させることで同じ形になるものを同じものと考える幾何学だ。

ちょっと例をだしてみよう。たとえば、取っ手のついたコーヒーカップを引っぱったり、縮めたりして連続的に変化させていくと、ドーナツの形に変形することができる。もちろん、逆にドーナツからコーヒーカップに変形することも可能だ。日常生活の中ではコーヒーカップとドーナツは明らかに違う形をしているが、トポロジーの中では連続的に変形していけば、「どちらも1つの穴をもった立体」ということで、同じものだと見なすことができる。もちろん、トポロジーではコーヒーカップからドーナツへと変形する間の図形もすべて同じものになる。

トポロジーでは距離を具体的なものではなく、位相という抽象的なもので表現している。素粒子が6次元空間の中にいたとしても、その距離を測ることはできない。しかしトポロジーの手法を使えば、3次元空間の素粒子の中に6次元空間の距離に左右されない物理量があることを見つけることができる。これによって、距離の測り方がわからなくても必要な計算ができるようになった。

05 トポロジカルな弦理論の誕生

超ひも理論では**カラビーヤウ空間**というものを使って、6次元の空間をコンパクト化することに成功した。カラビーヤウ空間の導入により、超ひも理論の9次元の空間から標準模型の3次元空間を導きだし、クォーク、電子、ミューオン、ニュートリノ、電磁気力、強い力、弱い力、ヒッグス粒子といったものをつくるための道筋ができた。

しかしカラビーヤウ空間はとても複雑な構造をしているので、くわしい性質はわかっていない。2次元や3次元の空間であれば、2点間の距離も簡単に求めることができるが、6次元空間のカラビ－ヤウ空間ではそれを求める公式すらわかっていない。空間の中で距離を求めることは、あらゆる計算の基礎となる。それすらできないということは、その空間で物理計算をすることはとても難しいことを意味している。

だが距離の測り方がわからないという困難を乗り越え、多くの研究者がひもの運動方程式を解いて量子効果を計算しようと努力を重ねた。そして、誕生したのが**トポロジカルな弦理論**という計算手法だ。標準模型の3次元空間に登場する素粒子には、6次元空間の距離には影響を受けない物理量がある。その物理量については、6次元空間でどのような距離であろうと変わらないので、難しい方程式を解かなくても得られる解の性質を知ることができるようになる。トポロジカルな弦理論を使うことで、空間の中に置いてあるひもがほどけるかどうかを見ただけで判断するように、カラビ－ヤウ空間での量子効果を計算できるようになった。そしてカラビ－ヤウ空間の性質もだんだんとわかってきた。

トポロジーを使えば、
方程式を解かなくても
解の性質がわかるんだ

例えばこのひもを見た時に、
このひもがほどけるのかほどけないのか
見ただけでわかるようにね
このトポロジーを使って
６次元空間での量子効果が
計算できるように
なったんだよ

06 トポロジカルな弦理論の応用

トポロジカルな弦理論の登場は超ひも理論の発展に大きく貢献した。それだけでなくこの計算方法は、ブラックホールについてのある問題を解決する計算にも応用されている。

ブラックホールは、ある空間の中にとても大きな質量がギュッと詰まった天体だ。ブラックホールという名前からどこかに穴があいていると思ってしまいがちだが、物理的に空間に穴があいているわけではない。

ブラックホールは重力が極端に大きい天体なので、ある境界線より内側に入ってしまうと、光すらもでてくることができない。光がまったく外にでてこないということは、誰も見ることができないことになる。つまり、どんなことをしようとも、ブラックホールの重力がおよぶ空間は穴があいたように見えることから、その名がついている。

ブラックホールは小説や映画にたくさん登場するので、フィクションの世界だけに存在する特別な天体のような印象を受けている人も多いかもしれないが、そんなことはない。最近ではNASAの広域赤外線探査衛星（WISE）が約100億光年先の宇宙に約250万個のブラックホールを発見しているし、銀河の中心部分には巨大なブラックホールがあることもわかってきている。

だが、ブラックホールは強い重力でいろいろなものを、ただのみこんでいるだけではなかった。なんと、ブラックホールが実は蒸発しているといいだす人が現れた。車いすの科学者として有名なスティーブン・ホーキングだ。そして、この蒸発がある問題を引き起こすこととなる。

トポロジカルな弦理論は
ブラックホールの計算にも
使われているよ
ブラックホールの？
ブラックホールは周りから
いろいろなものを吸い込んでいる
イメージが強いけど・・・
実は蒸発しているかも
しれないという問題が
持ち上がったんだ
えー！

07 ブラックホールの理論から宇宙のゆらぎを予測

ホーキングは、ブラックホールに一般相対性理論と量子力学をあてはめていくことで、ブラックホールが熱をもっているということに気づいた。熱をもっているということは、ブラックホールは徐々に蒸発し、最終的には消滅してしまうという驚くべき結論に達する。ただ、このブラックホールの蒸発はまだ観測されていないので、完全に正しいとはいえないが、間接的な証拠は観測されている。それが**宇宙背景放射**だ。

これまでの観測から、宇宙背景放射には10万分の1程度の**ゆらぎ**ができていることがわかっている。このゆらぎは、宇宙が始まったときから存在していた量子ゆらぎが**インフレーション**によって大きく引き伸ばされたものだ。

実は、このゆらぎができるしくみとブラックホールが蒸発するしくみが理論的にとてもよく似ていた。そこで**インフレーション理論**にブラックホールの蒸発の理論を組みあわせると、インフレーションによって量子ゆらぎがどのくらい引き伸ばされるものか計算することができた。そして、実際に観測された宇宙背景放射のゆらぎと、計算によってはじきだされたゆらぎの量がみごとに一致していた。これによってインフレーション理論が裏づけられただけでなく、ブラックホールの蒸発に関するホーキングの理論も正しいのではないかと考えられるようになった。

これまで一般相対性理論と量子力学は別々の現象で確かめられてきた。だが、ホーキングはこの2つの理論をいっしょに使ってインフレーションのゆらぎの値を予測し、それが実験によって確かめられた画期的なものだった。

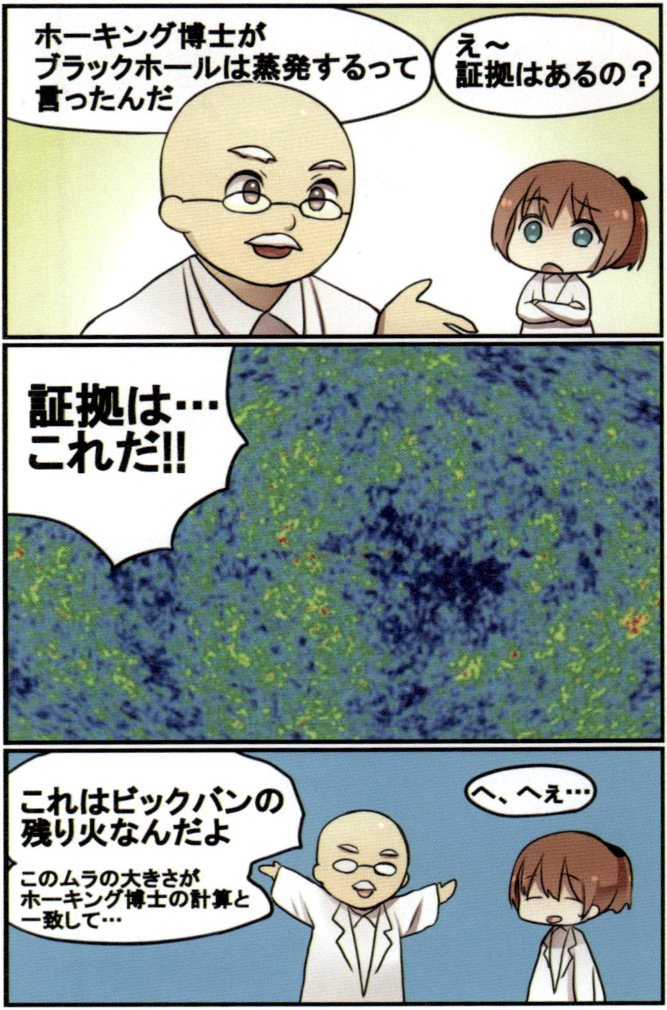
ホーキング博士が
ブラックホールは蒸発するって
言ったんだ
え～
証拠はあるの？
証拠は…
これだ!!
これはビッグバンの
残り火なんだよ
このムラの大きさが
ホーキング博士の計算と
一致して…
へ、へえ…

08 ブラックホールの蒸発が引き起こす大問題

ブラックホールが蒸発することは正しいことと示されたものの、この現象が新しい問題を引き起こしていた。それが**ブラックホールの情報問題**である。

たとえば、ここに1枚の写真があったとしよう。この写真をブラックホールの中に投げ入れると、ブラックホールの中で素粒子レベルにまでバラバラにされてしまい、一時的にブラックホールの質量が増える。そしてしばらくするとブラックホールが蒸発し、もとの質量に戻っていく。ブラックホールが蒸発することで、写真の質量が失われたことになる。

ここで別の写真をブラックホールに投げ入れたときを考えてみよう。もし写真の重さが同じだったら、ブラックホールが蒸発するときに発生するエネルギーはまったく同じになる。なぜなら、蒸発によるエネルギーの放出は質量によってのみ決まるので、写真にどんな情報が記されていようと関係ないのだ。

つまりブラックホールから蒸発したエネルギーをかき集めても、もともと投げ入れた写真がどんな写真だったのかがわからなくなってしまうことになる。これは物理学としてはとても困った問題だった。

なぜなら一般相対性理論も量子力学も、原理的に時間を巻き戻して考えることができるようになっている。もし写真をブラックホールに投げ入れるのではなく、火をつけて燃やしたとすると、それによって発生した光や物質、灰などをすべて完璧に保存しておけば、それに物理法則をあてはめることで時間を巻き戻すように過去の状態を導きだし、どんな写真を燃やしたのかがわかるはずだ。

　しかしブラックホールの場合、質量の情報しか残らず、その中に記録されていた情報がどんなことをしても再現できなくなってしまう。これはいままでの物理学をひっくり返してしまうほどの大問題だった。

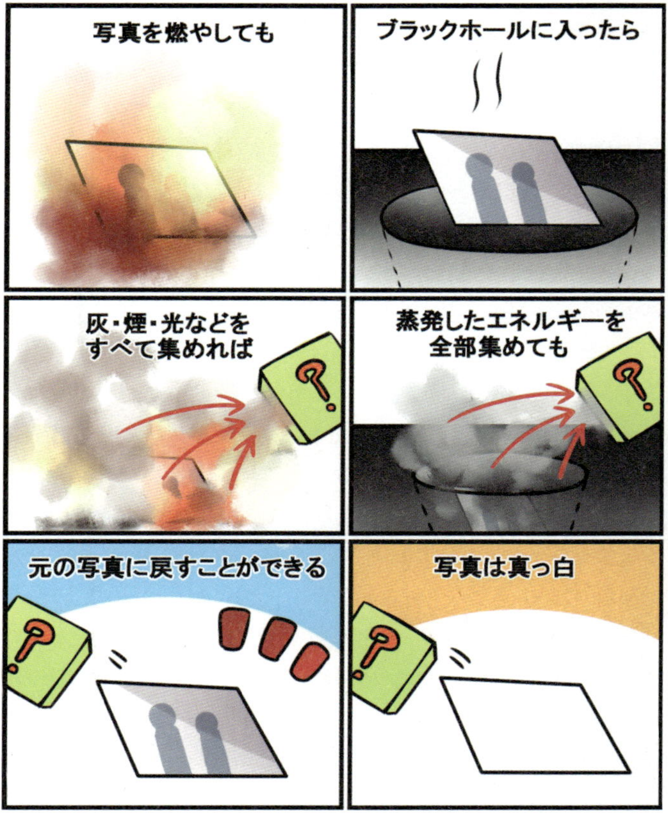
写真を燃やしても
灰・煙・光などを
すべて集めれば
元の写真に戻すことができる
ブラックホールに入ったら
蒸発したエネルギーを
全部集めても
写真は真っ白

09 問題解決のカギは状態の数

ブラックホールの情報問題を解決するためには、ブラックホールが写真に記された情報を記録できなければいけない。そして情報を記録するには、ブラックホールが何通りの状態をとることができるのかが重要になる。

たとえばパソコンに使われているハードディスクは、磁気の状態を変えることで情報を記録している。本棚の中に本を並べる方法も10冊あれば362万8800通りの並べ方があり、それぞれ状態が違う。状態の数が多ければ情報を記録する余地が生まれるが、ブラックホールの場合、ひとたび事象の地平線より内側に入ると、強い重力によって光でも抜けだすことができなくなってしまう。そのような空間で、たくさんの状態をつくりだすことができるのか問題となる。

確かに大きな視点で見ると、ブラックホールはたくさんの状態をとることができないように見える。だが、ミクロな視点で見るとどうだろう。たとえば、空気は私たちから見れば透明で1つの状態しかとっていないように見えるが、ミクロの視点で見ると、数えきれないほどの分子が存在し、いろいろな状態をとることができる。

同じようにブラックホールもミクロの視点で見ると、たくさんの状態をとることができるのではないかと考えられた。状態の数はエネルギーが高くなると多くなるので、ホーキングは試しにブラックホールの温度を計算し、それをもとにブラックホールがとることのできる状態の数を計算してみた。すると、100億個が78セットも集まった数という膨大な数字になったのだ。ブラックホールがこれだけの状態をとることができれば、情報問題は一気に解決する。

10 Dブレーンと開いたひもで状態の数が計算できた

ホーキングが見積もったとおり、ブラックホールは膨大な状態の数をとることができるのだろうか。ブラックホールはとても強い重力が働いているので、その状態は相対性理論で記される。そしてミクロの視点でものを見るには、量子力学が必要になる。ということは、ブラックホールの情報問題を解決させるためには、相対性理論と量子力学を融合させた理論をつくらないといけない。

当然、超ひも理論で答えがでないかと期待がかかっていたが、なかなか解決することができなかった。このとき活躍したのが**Dブレーン**だ。Dブレーンの表面には開いたひもの両端がくっつくようにして存在する。この開いたひもを使ってブラックホールにいくつもの状態ができることがわかってきた。

このあたりをもう少しくわしく考えてみよう。ブラックホールの周りには閉じたひもが飛び交っている。しかしブラックホールとの境界である事象の地平線を越えてしまうと、そこから内側の様子を外側から見ることができなくなる。これは物質が突然消えてしまうかのような現象だ。

だが、ブラックホールの表面がDブレーンだとしたら、閉じたひもが事象の地平線を越えると、Dブレーンの表面にくっついて開いたひもとなるので、消えたように見えると考えることができる。このブラックホールの表面にくっついた開いたひもが、大気をミクロに見たときの分子のように、ブラックホールにたくさんの状態を与えることが明らかになったのだ。実際、Dブレーンと開いたひもを使って状態の数を計算したところ、大きなブラックホールではホーキングの計算と同じ数を表現できることがわかった。

情報問題を解決したのは
Dブレーンだったんだ
ブラックホールが
Dブレーンで
できているとすると

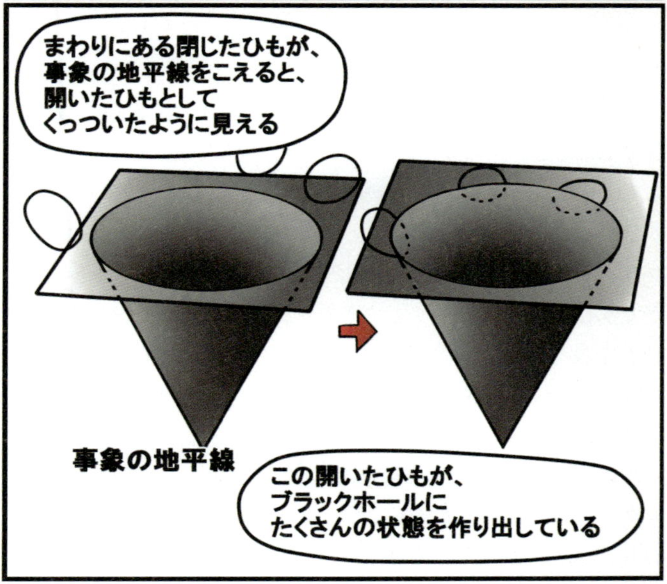
まわりにある閉じたひもが、
事象の地平線をこえると、
開いたひもとして
くっついたように見える
事象の地平線
この開いたひもが、
ブラックホールに
たくさんの状態を作り出している

11 情報はブラックホールの表面に記録されていた

大きなブラックホールでの情報問題は解決したが、小さなブラックホールではどうだろうか。宇宙に存在するのは大きなブラックホールだけなので、小さなブラックホールのことを考えなくてもいいのではと思う人もいるだろう。だが、相対性理論と量子力学を融合させるには、小さなブラックホールの状態をしっかりと知る必要がある。なぜなら、この2つの理論の対立がいちばん現れるのが、距離をこれ以上短くできないプランク長さの領域だからだ。

ところが、小さなブラックホールで状態の数を計算しようとすると、量子的な効果で重力場にゆらぎが起きて、状態の数を計算することがとても難しい。なんとか打開策を見つけようと研究して、トポロジカルな弦理論を使って状態の数を数えられることがわかってきた。さらにトポロジカルな弦理論で計算することで、ブラックホールがどんな大きさであっても状態の数を数えることができるようになった。そしてその計算結果は、ブラックホールに写真を投げ入れた場合でも、巻き戻してその内容までも再現できることを示していた。

これでブラックホールには写真の情報が記憶されることがわかったが、もう1つ解決しなければいけない問題がある。それはブラックホールが蒸発するときに、写真の情報もいっしょに外にでていってしまうのかということだ。

さらに計算を進めていくと、投げこまれた写真の情報がブラックホールの表面に記録されていることがわかった。写真そのものは3次元空間に吸収されているはずなのに、その中身の情報は映画のように2次元の表面に映しだされているのだという。要は、事象の地平線の中で起こっていることが、ブラックホールの表面に貼りついている開いたひもに投映されているように見える。3次元のものが2次元に見えるということ自体、不思議なことだが、2次元のものごとには重力が関係なくなり、純粋に量子力学で計算できるようになるので、ブラックホールに投げ入れられた情報は、ブラックホールが蒸発しても復元が可能となる。

ところで、ブラックホールに投げ込まれた写真の情報ってどこに記録されてるの？
実はブラックホールの表面にはりついたようにして記録されてるんだ
ブラックホールが蒸発する時に閉じたひもが情報も持ってちゃうんだよ
じゃあそのひもも集めれば写真の内容もわかるようになるんだね

12 ブラックホールの情報問題に隠された勝負

ブラックホールの情報問題では、ブラックホールの中に投げこまれた情報は表面にからみあった開いたひもとして記録され、蒸発したあとも閉じたひもとして保持されていた。この問題はもともと三次元空間で相対性理論と量子力学を掛けあわせた問題だったのだが、計算をしていくうちに二次元の量子力学の問題に書き換えられることがわかった。これを**ホログラフィー原理**という。

ブラックホールの情報問題を解決するには、相対性理論と量子力学という2つの大きな理論のどちらかの基本原理を修正する必要があると考えられていた。そこでホーキングは、**キップ・ソーン**、**ジョン・プレスキル**といっしょに、この問題を解決するのに相対性理論と量子力学のどちらが修正されるのかについて賭けをすることになった。

ホーキングとソーンは重力理論の世界的な権威だったので、相対性理論のほうが量子力学より基本的な理論になると考え、量子力学が修正されるほうに賭けた。ブラックホールの蒸発では情報がなくなってしまうから、量子力学が成り立たないと考えたのだ。そして相対性理論に修正が加わるほうに賭けたのが、素粒子物理学者のプレスキルだった。

だが、実際にはホログラフィー原理によって、ブラックホールの中に入った情報はミクロのひもとして保持されていて、量子力学だけで解ける問題になっていた。結局、修正が加えられるのは相対性理論となり、ホーキングは賭けに負けた。そして、プレスキルの好きな情報が詰まった野球大百科事典を贈ったという。

ブラックホールの情報問題を解決するには
相対性理論か量子力学かどちらかを修正する必要があった
相対性理論
量子力学
どっちを修正するか3人の物理学者がカケをしたんだ
量子力学が修正される！
いや、相対性理論だ！
ホーキング博士
ソーン博士
ジョン・プレスキル博士
どっちが勝ったの？
ホーキング博士たちが負けて、
プレスキル博士に
野球大百科事典を贈ったんだよ

13 ビッグバン直後はクォークのスープだった？

ブラックホールの情報問題を解決に導いたホログラフィー原理は、初期の宇宙の様子を知るための大きな武器にもなった。ブラックホールのときには、相対性理論と量子力学がぶつかる部分の問題をホログラフィー原理によって量子力学だけの問題に書き換えることで解決したが、今度は量子力学の問題を相対性理論の問題に変換して解くことに成功したという。

いったい、どんな問題だったのだろうか。ビッグバンが起こると、大きな爆発とともにたくさんの素粒子ができた。このときの宇宙で大きな影響を与えていたのがクォークとグルーオンという粒子だ。クォークは陽子や中性子となり、私たちの体にもなっている素粒子で、グルーオンは強い力を媒介しクォーク同士をつなぎ止める役割をする素粒子だ。

加速器を使って陽子や中性子ができる前の宇宙を再現してみたところ、おかしな現象が起こっていた。クォークやグルーオンができたころの宇宙はプラズマ状態で、できたばかりの素粒子は四方八方に飛び回っているようなイメージをもたれていたが、どうやらそれは間違いで、サラサラした液体のような状態だった。これはふつうのプラズマのイメージとはかけ離れていたので、**クォーク・スープ**と呼ばれた。

これはとてもヘンな状態に思えたが、ホログラフィー原理を使って計算した結果とも一致している。クォーク・スープは、超ひも理論による計算が正しいことが実験によって証明された初めての例だ。今後、より大きな実験が行われることで超ひも理論を証明する実験結果がたくさんでてくることが期待されている。

ビックバン直後の宇宙って
どんな感じだったの？
クォークとグルーオンが
たくさんあったんだ
それじゃあいろんな
量子が
飛び交ってたの？
いやそうじゃなくて、グルーオンのはたらきで
クォークのスープみたいなかんじだったんだ
クォーク

14 宇宙の始まりに潜む特異点問題

宇宙のはじまりを突きつめていくと、現在の物理学では扱うことのできない領域が存在する。それが**特異点**と呼ばれるものだ。この特異点を考えることは、宇宙誕生の瞬間を考えることに大きく関係している。

宇宙が誕生した瞬間まで時間を巻き戻していくと、宇宙は1つの小さな点になる。誕生したばかりの宇宙がどのような大きさだったのかは、まだはっきりとはしていない。だが、理論的には体積がほとんどない1点にまで小さくなることが可能だ。

そのような小さな点に宇宙全体のエネルギーが集中してしまうので、エネルギー密度や温度が無限大になってしまう。こうなってしまうと、いままで積み上げてきた物理学の理論が通用しない特異点となってしまう。現在、宇宙のはじまりで特異点がでてこない理論を考えようと、世界中の研究者が必死になって研究をしている。もちろん、超ひも理論は特異点を解消する理論の有力候補である。

超ひも理論は、もともと2つの素粒子が1点に重なったときに特異点が登場するのを解消するために考えられた理論だ。だから宇宙のはじまりにでてくる特異点も解決するのではないかと期待されている。とはいえ超ひも理論は未完成なので、まだこの問題は残されたままである。

超ひも理論を完成させるには、物理学だけでなく数学の力がさらに必要になってくると考えられている。なぜなら数学は特異点を扱うのが得意だからだ。

アインシュタインが一般相対性理論をつくりあげるためにリーマ

ン幾何学という当時最先端の数学を学んだように、最先端の数学の力が加わることで宇宙のはじまりがわかるようになるはずだ。

博士、宇宙の始まりが
どうなってるかわかったの？
いや・・・それがまったくわからないんだよ
宇宙の始まりを計算しようとしても
答えの出ない特異点が出ちゃうんだ
特異点

15 宇宙の始まりを知ることができない？

特異点の問題はまだ解決されていないので、宇宙がどのように始まったのかを知る人間はまだいない。だが、いくつかアイデアはでている。そのうちの1つが、ホーキングの考えた**特異点のでてこない宇宙**だ。

ホーキングは、私たちが感じることのできる**実時間**の前に**虚時間**というものがあると考えた。虚時間では時間と空間に境がなくなり、過去、現在、未来の区別もなくなるという。この理論では時間と空間が渾然一体となるため、特異点が現れない。

だが私たちは虚時間を感じることができないので、虚時間が本当にあるかどうかを確かめることができない。宇宙が虚時間で誕生したとすると、私たちは宇宙誕生の瞬間になにが起こったのかを知ることができなくなる。宇宙誕生後、ちょっとしてから時間軸が実時間に切り替わり、時間と空間が分かれ、過去、現在、未来がわかるようになるとしたら、根本的に宇宙の歴史の途中までしかさかのぼることができない。私たちが気づいたときにはこの宇宙ははじまっていたとしかいえなくなってしまう。

またウクライナ出身の物理学者**アレキサンダー・ビレンケン**は、**宇宙が「無」から誕生した**という仮説を発表している。ビレンケンは時間も空間もエネルギーもなにもない無の状態から、宇宙が突然現れたと考えたのだ。突拍子もないことのように思うかもしれないが、量子力学の理論からつじつまのあう説明をつけることができる。量子力学の世界には、電子が通ることのできない壁を一定の確率で通過してしまう**トンネル効果**というものがある。宇宙のはじまりでも、トンネル効果が起これば、まったく無の状態からほんのちょっとの大きさやエネルギーをもった宇宙を産みだすことができる。この理論にもとづくと宇宙のはじまりを説明できそうな気がする。だが、ホーキングの理論が数学的に正しいかどうかは、まだ議論の余地があるのだ。

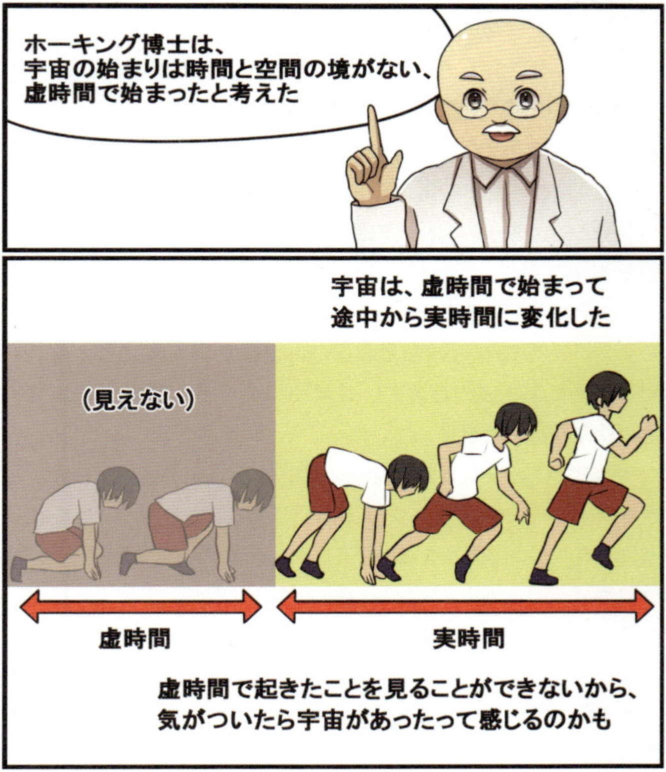
ホーキング博士は、
宇宙の始まりは時間と空間の境がない、
虚時間で始まったと考えた
宇宙は、虚時間で始まって
途中から実時間に変化した
（見えない）
虚時間
実時間
虚時間で起きたことを見ることができないから、
気がついたら宇宙があったって感じるのかも

16 たくさんあって絞りきれない超ひも理論から導かれる宇宙

物理学者たちはこの宇宙がどうなっているのかをどんどんと明らかにしてきた。その結果、この宇宙が素粒子でつくられていることや、関わっている素粒子の種類などがわかってきた。それらをもとにつくられたのが**素粒子の標準模型**だ。

素粒子の標準模型は、この宇宙で起こることをとてもよく説明してくれる頼りになる理論だったが、ここ10年ほどで限界が示されるようになった。宇宙のはじまりや運命に深い関わりのあるダークマター、ダークエネルギー、インフレーションなどは、標準模型を超えた存在だからだ。これらをうまく取りこみ、宇宙がどのような姿をしているのかを明らかにするためには、新しい理論が必要だ。その最有力候補となるのが**超ひも理論**である。超ひも理論はまだ未完成の理論で、世界中の研究者が完成に一歩でも近づけようと研究を進めている。

ところで、超ひも理論が完成して、この宇宙のすべてを表現できる**セオリー・オブ・エブリシング**となったとしたら、標準模型とはどのような関係になるのだろうか。簡単にいってしまうと、標準模型は超ひも理論に含まれるかたちになる。つまり、誕生した直後の宇宙は超ひも理論でしか語ることができないが、少し時間が経過すると標準模型で語ることのできる領域になってくる。

まずは、この宇宙は6次元空間の空間が折りたたまれて、標準理論の活躍する3次元空間が定まってくる。ということは、6次元空間がどのくらいの数があるか調べれば、この宇宙の姿も明らかになるかもしれない。そう思って実際に計算してみたところ、その候補はなんと10^{500}個もあった。これでは正解がほぼ無限にあるに等しい。この数字を見るだけでも、超ひも理論を完成させるのはとても難しいことがわかる。

最近標準模型では
説明できないことが
たくさん
わかってきたんだ
じゃあ超ひも理論だったら
この宇宙のことが
全部説明できるの？
できないよ
まだ未完成だから
ためしにこの宇宙の候補を
いくつあるか計算したら、
10^{500}個もあったんだ
えー!!
10^{500}

17 この宇宙は1つではない？

超ひも理論から、この宇宙に折りたたまれている6次元空間の候補が10^{500}個もあることが示された。ということは、この宇宙の候補もそれと同じ数だけあっても不思議ではない。つまり、宇宙には文字どおり天文学的な可能性があることになる。私たちは自分の住む宇宙について、これ以上理解することができないのだろうか。

あきらめるのはまだ早い。実は最近、宇宙の候補がたくさんあるという現実を逆手にとって宇宙を理解していこうとする動きもでてきている。それが**人間原理**だ。

宇宙には天文学的な可能性があるはずなのに、なぜか人間が誕生するための条件がそろっている。たとえば、この宇宙は9次元ある空間のうち、6次元が折りたたまれていて3次元だけが大きく広がっている。広がっている空間が2次元でも4次元でも人間は生まれなかった。また、人間の体のもとになるアップクォークやダウンクォークの質量がもっと重くなっても元素をつくることができなかった。

この宇宙の存在を決定づけているいろいろな条件を1つひとつ調べてみると、そのどれもが人間が存在できるような数値に調整されている。そもそも、この宇宙に人間が存在していて、その人間がいろいろと調べ回っているのだから、宇宙で計測されるさまざまな数値が、人間の存在に適しているのはあたり前のことかもしれない。しかし、ものすごくたくさんの宇宙が存在してもいい環境で、人間が存在できる条件がそろっているというのは、この宇宙がとてもよくできている証拠だ。というよりも、よくできすぎているといってもいいかもしれない。

宇宙がたった1つしか存在しなかったら、このような宇宙が存在するのは奇跡としかいいようがない。だが実は、宇宙はたくさんあるかもしれない。そのたくさんある宇宙の中で、人間が生まれる条件のそろっている宇宙に、私たちが存在するようになったというのが人間原理である。

じゃあ宇宙について何もわかってないんじゃん！
そうでもないんだよ実は宇宙はたくさんあったかも知れないんだ
たくさんあった宇宙の中の一つに偶然人間が生まれたって考えると10^{500}個も候補があってもおかしくないんだよ

18 インフレーション理論が予言するマルチバース

人間原理はなんだか人間の都合のいい考え方に聞こえるかもしれない。でも、この世界には数えきれないほどの宇宙があって、そのなかの条件がそろっている宇宙に私たち人間が住んでいるという考え方は、ある程度納得できる。

ただ話がここで終わってしまうと、人間原理はただの空想に終わってしまう。実はインフレーション理論は、宇宙がたくさんあることを予言している。宇宙は英語でユニバースという。ユニバースの「ユニ」は「単一の」という意味を表している。つまりユニバースは、宇宙が1つだけという考え方を表している言葉だ。それに対して、インフレーション理論ではたくさんの宇宙が存在する可能性を示している。そのような宇宙をユニバースと区別して**マルチバース**と呼んでいる。

宇宙がインフレーションを起こすと、おおもとの親宇宙から子宇宙や孫宇宙が次々に生まれることが予言されている。もし宇宙がマルチバースだったとしたら、人間原理も現実味がわいてくる。だがこの人間原理は、いかなる場所でも物理法則は同じように働くという、人類が長い間築き上げてきた科学の基本原理を根本から否定しかねない。

この宇宙がどのような姿をしているのかは、超ひも理論の完成を待たなければいけないのかもしれない。超ひも理論は考えられてから数十年になっているが、いまだに完成していない。あまりにも難しい理論なので「超ひも理論は22世紀の理論で、たまたま20世紀の終わりにその一端が発見されただけだ」という物理学者もいる。この理論が完成し、セオリー・オブ・エブリシングとして宇宙のすべてを記述できる日がくるのを楽しみに待っていよう。

19 超ひも理論は実在するのか

超ひも理論は、4つの力を統一し、この宇宙のすべてを記述できる可能性を秘めている。だが物理学は、理論だけでは成り立たない。観測や実験によって検証されて、初めてその理論が正しいかどうかがわかる。しかし超ひも理論の場合、いまのところそれを検証するための観測や実験ができない。だから超ひも理論は物理学ではなく、数学の世界の話だという人もいる。

物理学の歴史を振り返ってみると、理論が発表されてから観測や実験で証明されるまでの間には、10年、20年とたくさんの時間が必要なことが多い。ビッグバンも、ブラックホールも長い間信じられてこなかったが、観測装置の性能の向上とともに、その証拠が観測され、いまでは宇宙の初期にビッグバンが起こり、ブラックホールはこの宇宙にたくさん存在することが知られるようになった。2012年7月に発見の報告があったヒッグス粒子も、50年ほど前に理論的に予測されたものだ。

そして2014年3月には、宇宙背景放射に刻みこまれた原始重力波の痕跡をとらえたという報告が世界中を駆け巡った。これはアメリカのカリフォルニア工科大学のアンドリュー・ラングとジェームス・ボックが始めたBICEP計画を引き継いだBICEP2計画で観測されたものだ。

原始重力波の観測は、インフレーション理論をより直接的に証明するものだったので、宇宙のはじまりの謎に一歩迫れると期待された。残念ながらこの観測は宇宙空間のチリによる影響が大きく、原始重力波を正確にとらえたものではなかった。だが観測の精度はとても高くなっており、インフレーション理論の証明まであと一歩のところまできている。観測や実験によって、超ひも理論の証拠をつかむ日もきっとやってくるに違いない。

博士、超ひも理論って本当にあるんですか？
まだそのことを観測や実験で捉えることはできないんだ
でもビックバンやブラックホールやヒッグス粒子も・・・
H
あとから観測や実験で証明されている。
観測装置が進歩すれば超ひも理論の証拠も捉えられるかもしれないんだよ

《 参考文献 》

『エレガントな宇宙』 ブライアン・グリーン 著、林大 訳（草思社、2001年）

『大栗先生の超弦理論入門』 大栗博司 著（講談社、2013年）

『重力とは何か』 大栗博司 著（幻冬舎、2012年）

『強い力と弱い力』 大栗博司 著（幻冬舎、2013年）

『素粒子論のランドスケープ』 大栗博司 著（数学書房、2012年）

『はじめての〈超ひも理論〉』 川合光 著（講談社、2005年）

『超ひも理論とはなにか』 竹内薫 著（講談社、2004年）

『「場」とはなんだろう』 竹内薫 著（講談社、2000年）

『マンガでわかる「超ひも理論」』 白石拓 著（宝島社、2005年）

『超ひも理論と「影の世界」』 広瀬立成 著（講談社、1989年）

『図解雑学 超ひも理論』 広瀬立成 著（ナツメ社、2006年）

『宇宙は本当にひとつなのか』 村山斉 著（講談社、2011年）

『宇宙になぜ我々がそんざいするのか』 村山斉 著（講談社、2013年）

『宇宙の新常識100』 荒舩良孝 著（SBクリエイティブ、2008年）

『図説 宇宙科学発展史』 本田成親 著（工学図書、2003年）

索引

英数字

あ

か

さ

サイエンス・アイ新書 発刊のことば

science·i

「科学の世紀」の羅針盤

20世紀に生まれた広域ネットワークとコンピュータサイエンスによって、科学技術は目を見張るほど発展し、高度情報化社会が訪れました。いまや科学は私たちの暮らしに身近なものとなり、それなくしては成り立たないほど強い影響力を持っているといえるでしょう。

『サイエンス・アイ新書』は、この「科学の世紀」と呼ぶにふさわしい21世紀の羅針盤を目指して創刊しました。情報通信と科学分野における革新的な発明や発見を誰にでも理解できるように、基本の原理や仕組みのところから図解を交えてわかりやすく解説します。科学技術に関心のある高校生や大学生、社会人にとって、サイエンス・アイ新書は科学的な視点で物事をとらえる機会になるだけでなく、論理的な思考法を学ぶ機会にもなることでしょう。もちろん、宇宙の歴史から生物の遺伝子の働きまで、複雑な自然科学の謎も単純な法則で明快に理解できるようになります。

一般教養を高めることはもちろん、科学の世界へ飛び立つためのガイドとしてサイエンス・アイ新書シリーズを役立てていただければ、それに勝る喜びはありません。21世紀を賢く生きるための科学の力をサイエンス・アイ新書で培っていただけると信じています。

2006年10月

※サイエンス・アイ（Science i）は、21世紀の科学を支える情報（Information）、知識（Intelligence）、革新（Innovation）を表現する「i」からネーミングされています。

SB Creative

サイエンス・アイ新書

SIS-327

http://sciencei.sbcr.jp/

マンガでわかる 超《ちょう》ひも理《り》論《ろん》

宇《う》宙《ちゅう》のあらゆる謎《なぞ》を解《と》き明《あ》かす究極《きゅうきょく》の理《り》論《ろん》とは?

2015年3月25日　初版第1刷発行

著　　者　荒船良孝《あらふねよしたか》

監　　修　大栗博司《おおぐりひろし》

発 行 者　小川 淳

発 行 所　SBクリエイティブ株式会社
〒106-0032　東京都港区六本木2-4-5
編集：科学書籍編集部
03(5549)1138
営業：03(5549)1201

装丁・組版　クニメディア株式会社

印刷・製本　図書印刷株式会社

ISBN 978-4-7973-5122-4